U0885248

阅读成就思想……

Read to Achieve

阅见 · 医者仁心

未挂断的人生

心理援助热线的
23次破晓对话

骆名进 ◎ 编著
尹肖雯 ◎ 绘图

中国人民大学出版社
· 北京 ·

图书在版编目（CIP）数据

未挂断的人生 ：心理援助热线的 23 次破晓对话 / 骆名进编著 ；尹肖雯绘图．-- 北京 ：中国人民大学出版社，2025．8．-- ISBN 978-7-300-34225-2

Ⅰ．B849.1

中国国家版本馆 CIP 数据核字第 2025F23P26 号

未挂断的人生：心理援助热线的23次破晓对话

骆名进　编著

尹肖雯　绘图

WEI GUADUAN DE RENSHENG : XINLI YUANZHU REXIAN DE 23 CI POXIAO DUIHUA

出版发行	中国人民大学出版社		
社　　址	北京中关村大街 31 号	**邮政编码**	100080
电　　话	010-62511242（总编室）		010-62511770（质管部）
	010-82501766（邮购部）		010-62514148（门市部）
	010-62511173（发行公司）		010-62515275（盗版举报）
网　　址	http：//www.crup.com.cn		
经　　销	新华书店		
印　　刷	天津中印联印务有限公司		
开　　本	720 mm×1000 mm　1/16	**版　次**	2025 年 8 月第 1 版
印　　张	15.75　插页 1	**印　次**	2025 年 8 月第 1 次印刷
字　　数	216 000	**定　价**	75.90 元

本书编委会

顾　问：曹日芳

主任医师、教授

浙江大学医学院附属精神卫生中心心理危机 / 热线服务中心主任

宋海东

医学博士，硕士生导师

中国心理卫生协会危机干预专业委员会委员

孙晓花

主任医师

浙江大学医学院附属精神卫生中心社会心理服务部主任

主　编：骆名进

副主编：尹肖雯、李玲丽、陈汉俊、赵亚娜、郑琼麟、江慧青

编委（姓氏拼音排序）：陈秋霞、胡爱英、李志坚、骆东辉、吴惠娟、吴蕾、余春梅、俞霄霞、郑美春

推荐序

听见黑夜里的生命涌动

心理援助热线以其便捷性、匿名性和专业性，为广大民众提供了一个安全、有效的心理支持平台，尤其是在应对突发心理危机、缓解心理压力、促进心理健康方面发挥了不可替代的作用。杭州市第七人民医院心理援助热线团队编著的《未挂断的人生》一书，以 30 年接线经验凝结成 23 个真实案例，为读者掀开了心理热线这一隐形生命救援站的神秘面纱。这部作品不仅是一部专业的心理危机干预实录，更是一曲关于倾听、理解与希望的生命赞歌，在展现心理热线工作肌理的同时，亦引发了我们对单次咨询效能及传统文化在心理危机干预中本土化应用的深度思考。

全书共分为七个部分，涵盖青少年成长、家庭关系、婚姻情感、职场压力、自我成长、精神障碍及危机干预，每个案例均以第一视角呈现接线员与来电者的对话现场。这些案例并非孤立存在，而是折射出当代社会普遍的心理困境：95 后职场新人阿吉在 IT 行业高压下的辞职冲动，反映出青年一代对工作意义的迷失；全职妈妈程玲在婚姻背叛与育儿压力中的自我怀疑，暴露出亲密关系与社会角色的双重挤压……接线员通过细致的对话引导，如焦点解决治疗中的例外提问（“你有没有哪次考试可以做得更好？”）、认知行为疗法中的自动化思维识别

（“当你说‘我很笨’时，有没有相反的证据？”），帮助来电者从混沌的情绪中锚定问题核心。这些案例不仅是临床记录，更是千万个普通人的心理侧写，让读者在他人的故事中照见自己，消解羞耻感——原来那些“难以启齿”的痛苦，早已通过热线化作千万通深夜倾诉，成为可以被专业拆解、被温柔托举的生命议题。

心理援助热线的独特性在于其工作模式为单次咨询为主、即时干预优先，这对接线员的临场反应能力提出了极高的要求。书中案例凸显了单次咨询的“有限且有效”——虽然无法展开长程心理治疗，却能通过即时的情绪兜底、资源挖掘与认知扰动，为来电者搭建心理救生筏。例如，面对因校园欺凌而陷入社交恐惧的王旭，接线员并未深究其童年创伤，而是聚焦当下可行动的小步骤——“明天能否先和辅导员说一句‘谢谢’？”这种“聚焦解决而非纠缠问题”的思路，暗合焦点解决治疗的核心理念：相信每个人都是自身问题的专家，心理咨询师只需协助其看见已有的力量。更值得关注的是，接线员在技术应用中始终保持人性温度（比如，对反复来电的阿莛持续数年的耐心倾听）。

从案例到普通人的心理自救，这部作品的价值远超专业工具书范畴，它为普通读者打开了三重认知维度：

- 看见心理问题的普遍性。心理援助热线案例中更多的是非疾病状态的情绪困扰（比如，职场倦怠、亲子冲突、情感迷茫等）。这些未达到诊断标准的心理困境，恰是热线服务的主要场域。它提醒我们：心理求助不是病态标签，而是如同身体感冒般正常的情绪调适。
- 理解即时干预的深远意义。单次咨询或许无法根治问题，但接线员可以通过例外提问帮助来电者捕捉生命中的积极瞬间（比如，李立意识到“英语成绩好证明自己有学习能力”），通过正常化技术让其接纳痛苦的普遍性（“很多人在青春期都会有类似的自我怀疑”）……这些瞬间如同投入湖心的石子，可能在来电者心中激起长期涟漪。

- 见证微小改变的力量。每个案例的结尾，来电者往往会从“绝望到想自杀”到“愿意试试你的建议”，这种看似微小的转变恰是心理干预的本质——不是颠覆人生，而是在暗礁密布的海域为航船调整航向，让阳光重新照进舷窗。

心理援助热线不是解决问题的万能钥匙，而是让来电者听见自己声音的扩音器。在心理健康服务尚未完全普惠的今天，心理援助热线是触达边缘群体的重要通道。本书的价值，不仅在于展现专业技术，更在于传递一个朴素的信念：每个生命都值得被倾听，每个困境都存在破局的可能。当接线员在凌晨三点倾听失恋者的啜泣，当他们用焦点解决技术帮厌学少年找到“多背一个单词”的勇气，当他们在传统文化与现代心理困境间搭建理解的桥梁，这些瞬间就构成了心理热线的精神本质——它是黑暗中的灯笼，未必能照亮整个深渊，却让你看到希望。对于心理学从业者来说，书中案例是珍贵的临床教科书；对于普通读者来说，它是理解自身情绪的镜子；对于整个社会来说，这本书呼吁我们拆除心理问题的污名化，让每个灵魂在波涛汹涌时都能勇敢地拨打心理援助热线电话——12356。因为电话那头，有一群专业而温暖的倾听者。再深的黑暗中，也有生命潮汐的涌动，而听见，就是改变的开始。

心理学博士、博士生导师

浙江大学医学院附属精神卫生中心党委书记、主任医师

2025 年 5 月

于杭州

前言

从事精神卫生工作的 10 多年间，我看到了社会和政府对心理健康话题的关注度越来越高。

2024 年末，国家卫生健康委员会宣布，设立全国统一心理援助热线“12356”，并于 2025 年 5 月 1 日前实现全国覆盖。这一举措不仅标志着我国心理健康服务体系迈向标准化与普惠化，更让我深刻地感受到了时代的脉搏——社会对心理健康的关注从未如此迫切。

黄悦勤教授团队前期进行的中国精神疾病患病率流行病学调查结果显示，精神障碍的终生患病率为 16.57%，其中焦虑障碍的患病率最高，终生患病率为 7.57%；心境障碍（包括抑郁症和双相情感障碍）的终生患病率为 7.37%。这意味着，我们每个人一辈子约有 16% 的概率会受到精神障碍的困扰，这还不包括非疾病状态下的情绪困扰和人际困扰。虽然需求如此之大，但真正寻求医学帮助的人却不多（比如，抑郁症患者的卫生服务利用率很低，仅有 9.5% 的患者接受过卫生服务机构的治疗）。在这种情况下，有着便捷性和隐蔽性特点的心理援助热线成了很多人第一次接触心理健康服务的方式。心理援助热线也成了我国心理健康服务体系十分重要的一环。

我所在的杭州市第七人民医院的这条热线最早成立于 1995 年，并在 2004 年成为国家首批 24 小时心理援助热线试点，节假日不休，一路走来已经 30 个年头了，坚持下来实属不易。之前心理热线一共有两个席位，白天是两位专职人员值班，晚上设置一个席位，由经过专业培训的志愿者接听，接听人员包括医生、护士、心理咨询师、心理治疗师等。由于成立时间早，又是 24 小时服务，因此我们这条热线的来电量非常大，每年大约接听 1 万多人次，平均每天接听 30 多通电话。如果算上因忙线没有接通的电话，实际来电量每年高达 3 万多通。目前，由于政府高度重视，我院的心理热线席位进行了扩充，接听电话量就更大了。2024 年，接听量达到了 3 万多人次。

之所以想编写这本案例集，源于我在 2019 年从事心理热线工作时的触动。在热线接听工作中，我常会听到这样的声音："我以为只有我自己会这样。""我不敢告诉家人。""我不知道该找谁。"这些无助的倾诉折射出公众对心理援助的强烈需求与长期存在的认知隔阂。正是这些真实的故事，促使我萌生了编写这本案例集的初心：记录那些被听见的瞬间，传递着专业与温暖的力量。社会对心理问题的误解常让求助者陷入双重困境：一方面，他们承受情绪痛苦；另一方面，他们因羞耻感而自我封闭。

如果把人的生命比作航行，那么负面情绪就好比藏在海面下的暗礁，如果我们不重视这些暗礁，就很有可能会触礁，甚至沉船。我曾遇到过一位因焦虑症而休学的少年，他的父亲起初坚称"孩子只是意志薄弱"，直到做了多次心理咨询后，他才逐渐接受医学干预的必要性。这样的案例让我意识到，普及心理健康知识、消除偏见，与提供专业服务同样重要。

于是，我组织了几位有同样想法的心理援助热线接线员，梳理了近些年来我们接听过的来电。为了保护来电者的隐私，我们在编写过程中进行了信息保护，不仅为案例中的人取了化名，还弱化了一些可以识别其身份的细节。部分案例是对多个相似案例的整合，既保留了来电者情感的真实性，又能通过细节置换实现隐私保护。同时，为了增加可读性和代入感，我们在叙事时都采用了第一视角，所以案例中的"我"并不是同一个人，而是代表几位心理援助热线接线员。

心理援助热线接线员既是有着专业素养的志愿者，又是有着喜怒哀乐的普通人。这条无形的电话线承载着无数人的至暗时刻与重生的希望，是方寸之间的生命对话。每一通电话的背后，可能是深夜独坐窗台的青少年、被压力击溃的职场人、困在休学阴影中的家庭……他们在绝望中寻找裂缝中的光。我们希望读者在看完这些故事后，可以从中吸取更多的勇气和力量，更多地了解心理热线的工作特点，如果有需要，也能果断地拿起电话求助。

有一位来电者曾跟我说：“你们的电话像黑夜里永远不会熄灭的灯笼。”愿这本书能成为更多灯笼中的一盏，照亮心理援助热线的专业化道路，更能温暖每个需要被看见的灵魂。

我们把一些有积极疗愈作用的短语做成了贴纸。当你遇到困惑、感到痛苦时，可以选择其中的一句让你最有感觉的话，贴在你可以随时看到的地方，反复念诵几遍，就可以让你在当下多一些积极的情绪体验。

书中未尽之处，恳请同行指正，期待与诸位共同完善这份“心灵急救手册”。

2025 年 3 月

于杭州

致困顿时刻依然愿意寻找希望的你

也许你可以打个电话聊聊

亲爱的你：

你好。

当你翻开这本书时，我想，你或许正在经历某种困顿，抑或只是对心理援助热线充满好奇。无论你以哪种心情与我们相遇，都请允许我代表心理援助热线的工作人员，先对你说一句：你值得被听见。

在心理援助热线工作的这些年，我们听到了许多来自不同人群、不同年龄、不同背景的声音。他们带着焦虑、痛苦、迷茫，拨通了电话。有些声音颤抖，有些声音冷静，但都藏着一份隐秘的疲惫和沉重。

他们问：

- 我是不是像他们说的那样，太敏感、太脆弱了？
- 我努力了那么久，为什么生活还是没有好转？
- 是不是只有我这样？
- 人活着的意义是什么？

…………

在听到这些问题的时候，我总是在想，我们都曾在人生的某个阶段问过自己类似的事情。只是有的人选择了沉默，有的人则鼓起勇气，拨通了电话。

在你愿意讲述自己的那一刻，就已经很勇敢了。

在热线中，我们不急于提供建议，也不要求你立刻振作起来。我们相信，每个人的内在都蕴藏着尚未被发掘的资源与韧性。我们所做的，是在你暂时找不到这些力量时，先帮你一起守着它们、找回它们。

这是我们所坚信的——助人自助。帮助，并不是替你决定路怎么走，而是陪你在黑暗中走一段，看见远处的微光。更重要的是，我们也深知，生命影响生命。这不仅是我们对来电者的承诺，也是在每次通话中真实发生的双向触动。

我们也会感动、会难过、会在电话挂断后陷入久久沉思。曾有一位来电者说："我已经好长时间没跟别人讲过话了，谢谢你陪我说了这么久。"那一刻，我心里只剩下满满的敬意。不是因为我做了什么伟大的事，而是因为他还愿意说、愿意听、愿意等。

每一通电话的背后，都是一段生命真实的挣扎与坚持。你现在拿着的这本案例集，是我们共同守护的记录。它不仅是心理援助热线工作的缩影，更是一份来自那些依然愿意寻找希望的人的最真实的见证。

如果你正在经历风雨，就请相信自己已经比想象中更坚韧；如果你还不确定是否要拨打热线电话，就先翻开这些故事，看看曾经遇到过困难、处在崩溃边缘的他们是如何一步一步靠近光亮的；如果你正在关心他人，就请相信，哪怕只是一次安静的倾听，也可能会改变一个人的命运轨迹。

亲爱的你，愿你在这本书中找到温度、找到陪伴，也找到自己的方向。

正是因为你愿意寻找，所以我们也愿意一直在。

敬上！

杭州市心理援助热线全体工作人员

2025 年 5 月

目录

第一部分　少年的烦恼

第二部分　透不过气的家

第三部分　破碎的婚姻

第四部分　职场江湖

第五部分　自我成长

第六部分 心灵风暴

第七部分 命悬一线

第一部分
少年的烦恼

个人的成长难免会遇到痛苦。在青春期，青少年不仅要面对自身的情绪多变，还要承受父母、老师的期待，处理变得复杂的人际关系。有的人选择逃避，有的人选择迎难而上。心理援助便成了他们克服困难的关键助力。

第1章

我学业压力好大

近段时间，我一直在学习焦点解决治疗的技术，并接受杭州市第七人民医院唐光政等老师的心理督导，因此在接心理热线时充满了“焦点”味道。

焦点解决治疗缘起于后现代主义，这种心理咨询模式将来访者视作充满能力的人，认为他们有能力为自己的问题找出解决方案，从而提高生活质量。我觉得非常适合将其应用在一般心理问题、发展性心理问题的热线咨询中，有关学习压力的咨询就是其中之一。

如今，学业压力大已经是一个普遍存在的社会现象，不仅学校里竞争激烈，而且父母还有意无意地给孩子增添了不小的压力，有不少父母把抓好孩子的学习作为他们的唯一任务。临近期末，孩子的学习压力值更会被推向新的高度，导致关于学习问题的咨询来电显著增多。

在接下来的案例中，打进心理热线的来电者李立，就是这样一个深受学习压力困扰的“鸡娃”。

电话铃声突然响起，打断了我的思绪。我看了一眼表，快半夜12点了。

当时我正在值班室记录上一通来电的内容，听到电话铃声后，我立刻戴好耳麦，清了清嗓子后接通了电话：“你好！这里是杭州市心理援助热线，请问有什么可以帮你的？”

对方开门见山地说：“你好，我是一名高二的学生，现在学习压力很大，父母给我施加的压力也很大。我每天都觉得很烦，我该怎么缓解？”从他的语气中，我可以感受到一些焦虑和不满，似乎还夹杂着无奈。

“同学，你希望我怎么称呼你？”

“我叫李立。”

“嗯，李立你好。你的压力很大，一方面是学习本身的压力，另一方面则是来自父母施加的压力。那你可以和我说说，这两方面的压力具体是什么样的吗？”为了更好地了解他的学习压力和烦恼，我做出积极的关注和反馈，并引导他将问题具象化思考。

李立沉思了一会儿，轻声开口道：“家里人都希望我表现好。”

他身为学生，我觉得他所说的“表现好”就是“学习成绩好”，但我还是想和李立确认一下心中的猜想，于是我问他：“你说的‘表现好’是什么意思？”

李立想了想，似乎在回忆些什么，然后回答道：“成绩要好！”

我并不意外，继续问道：“你的学习成绩总体来说怎么样？”

李立有些不好意思地开口：“稍微差一点，中等偏下，一直以来都这样。”

听到他的回答，我的脑海中一下子出现了好几个问题，于是我顺着现有的思路，选择了一个与父母有关的问题来问他：“你父母对你的要求是什么样的呢？”

听了我的询问，李立无奈地说道：“他们对我的要求很高，让我感觉压力好大，好烦啊！真的好烦啊！我今天晚上实在睡不着觉了，就用手机上网随便搜索了一下心理咨询，结果跳出了这个号码。”

导致学习压力的压力源很多，父母过分关注和高要求便是其中之一。通过进一步地了解，今年 18 周岁的李立一直存在学习压力。出生于小康家庭的他，因为是家里的独生子，所以父母将全部注意力都放在他身上。步入学龄期后，父母对他关怀备至，并且非常关注他的学习成绩。也正是因为如此，他从小成绩就不错，一直名列前茅。上小学的时候，学习对他来说很轻松，没有感到特别大的压力，父母有空也会帮助他辅导功课。上了初中后，他学习忙碌了起来，一下子多了很多门功课，没有小学时那么轻松。父母的压力加上他的努力，他顺利考上了一所很不错的私立中学，父母都对这个结果感到非常满意。

前几年，他的表哥考上了一所“双一流”大学，父母便经常拿他的表哥和他做比较，他的父母都觉得他也能考上，这给李立带来了不小的压力。他对自己的成绩也不是很满意——在 20 人的班级中排第 14 名，以他现在的成绩离考上与这所“双一流”大学差不多的学校还有一段距离。想到明年就要高考了，他的压力突然变得很大，导致他夜不能寐。

在这通深夜的心理热线中，我耐心地听着李立向我倾诉心声。电话那头，他的声音显得有些沉重：“如果我的学习成绩一直这样，你觉得他们对我的这个要求现实吗？”

我非常理解李立的困扰，他似乎被家人架在一个很高的位置但他又无法下来，于是我说道：“的确，这个要求对你目前的情况来说可能有些过高了，你的家人为什么会这样认为呢？”

李立沉默了一会儿，似乎在回忆：“他们总是会说，‘我儿子很聪明’！”

我温和地问道：“你认可这句话吗？”

他毫不犹豫地回答：“不认可。”

我继续引导他：“你能通过努力考上这所高中，这足以证明你是一个优秀的孩子。那你能不能告诉我，什么原因使你现在的学习成绩一直不是很理想？”

李立似乎在认真思考这个问题，片刻后他说道：“可能是我的惰性使然吧？”

我轻轻地笑了笑，说道：“惰性是一种很常见的问题，但它并不是无法克服的。同时我是不是可以这样理解，你觉得自己只要再吃点苦，再少贪玩一些，你的成绩就可以提高，对吗？”

李立沉默了一会儿，然后轻轻地“嗯”了一声。

我引导李立将自己的学习成绩不理想归因到“努力”这个可以操作的层面并鼓励他说：“很好，你已经找到了问题的关键。只要你肯努力，相信你的成绩就一定会有所提高的。你觉得目前你可以做些什么来改变并提高成绩？”

李立的声音显得有些疲惫：“每天都是上学、学习，真的好累！”

作为过来人，我特别能理解李立的感受。我问他：“现在学生的学业压力的确比较大。你刚才说自己有惰性，你觉得自己目前最需要改变的是什么？”

李立有点心虚，说话的声音轻了不少：“嗯……其实应该不是惰性，而是没有认真听课。”

我点点头：“你在上课时的学习效率不是很高，是发生过什么事情吗？”

李立叹了口气，说道：“可能是对学习不感兴趣吧。”

我觉察到，在一些关键问题上，李立的回答中透露的信息比较少——也许是没发生，也许是发生了但他没有好好思考。无奈，我只好再次聚焦他的来电目的，温柔地问道：“学习确实很累，我猜很多人有这样的体验。你今天打电话来，希望我能帮到你什么呢？或者说，你希望得到什么样的帮助？”

“我可能就是想找个人说说心里话，让心情不那么压抑吧。”与很多心理热线来电者一样，李立对自己当下的需求是：在遇到困难挫折时，希望能让自己的情绪变好点。

基于他的需求再结合他目前发生的事情，我继续聚焦他的问题：“我理解，你希望自己的心情好一些或者压力小一些。那么你觉得如果自己在哪些方面有所改变，你会觉得心情好一些或者压力小一些吗？”

李立犹豫了一下，回答：“我还没想过。”

我鼓励道：“没关系，现在我们可以一起想想看。你觉得在哪些方面做出改变，能让你对学习更有信心？”

李立沉默了一会儿，开口道：“我的自制力比较差。如果我能管住自己、能好好听课，可能就会好一点。”

我顺着他的回答引导他进一步思考：“你能认识到自制力的重要性，这的确是一个很好的开始。请你想象一下，如果你提高了自制力，会有什么样的不同？”

李立缓缓地说道：“我想，考试排名可以往前提一些吧。”

我把目标进行量化：“很好，你之前提到你现在在班里排第 14 名，如果你想从第 14 名提升到第 13 名，你觉得你可以做些什么来实现这个目标呢？”

李立顿了顿，说道：“我需要提高一些分数。”

我说：“那你估计一下，需要提高几分才能达到这个目标呢？”

李立略作计算后回答道：“大概需要提高二三十分吧。”

我继续问：“考试总分是由几门课组成的？”

李立回答：“九门课。”

我帮助他分析道：“也就是说，平摊到每一门课，每一门都需要提高大约三分。在这九门课中，你觉得哪些课程的提高空间可能会比较大呢？”

李立答：“可能是理科吧，我觉得理科的提升空间会大一些。”

我进一步聚焦问题解决方案：“很好，你已经有了一个明确的提升方向。那你觉得目前你可以采取哪些行动来提高理科成绩呢？”

李立答：“可能需要多刷一些题吧，这能帮助我提高解题能力和熟练度。”

“很好，通过多做题进行练习巩固的确是一个好办法。”我还想鼓励他多想想其他办法，便继续问他，“除了多刷一些题以外，你还可以做哪些努力来提高学习成绩呢？”

李立思考片刻回答：“我还得让自己上课尽量不走神，多研究错题，就这些吧。”

我微笑着说：“这些都是非常有效的学习方法。在这九门课中，你最擅长哪门？”

李立似乎终于找到了一个可以让自己稍微自豪一些的话题，语气响亮了很多：“我英语很厉害。”

“真不错，要想学好英语需要下很大功夫，”我在肯定他的同时，也好奇地问他，“那你是如何把英语学得这么好的？”

李立深吸了一口气，边回忆边说道：“我学英语的时候目标是很明确的。从一开始我就明白基础的重要性，所以我一直努力打好基础。哪怕到现在，我学英语也从来没觉得难，考试成绩自然很好。”

我非常认同他的说法：“无论是哪个学科，坚实的基础都是学好的关键。关于理科的课程，你的基础怎么样呢？”

李立的情绪又低落下来，回答道：“我理科的基础不太好，有很多知识点我掌握得不够扎实。”

我耐心地说：“没关系，我们可以一起想办法来提高这些课程的成绩。你觉得可以从哪些方面入手来加强你的理科基础呢？”

过了一会儿，李立答道：“我想我需要多做一些基础题来巩固知识点，还要多看一些参考书，深入理解理科的原理和概念。”

我继续鼓励道：“这是非常实际的做法。通过不断练习和深入学习，你的理科成绩一定会有所提高的。另外，当你想贪玩或想放弃的时候，不妨给自己一些提醒，还可以写下一些有用的话来激励自己。”

李立似乎被这句话触动了，立刻有力地“嗯”了一声。

我继续说道：“当然，给自己设定一个明确的、比较容易实现的学习目标也很重要。比如，刚刚我们讨论的这次你想要赶超前面那位同学，你就需要明确自己要在哪几个方面下功夫。”

李立略带兴奋地说：“你说得对，我应该给自己设定一个明确的目标，这样才更有动力去学习。”

“很好，我相信只要你努力，成绩就一定会有所提高的。”我给李立打气加油，然后轻声安慰道，“学习确实需要付出很多努力和时间，在学习过程中，我们感到累和压力都是正常的。从心理学的角度来看，适当的压力可以更好地激发我们的潜力，提高学习效率。”

李立听了我的话后似乎有些意外，惊讶地问道：“真的吗？我还以为有压力就是不好的呢！”

我解释道：“当然，过度的压力会使我们感到焦虑和疲惫，但是适当的压力则可以使我们更加专注和投入学习。只要你能调整好自己的状态，让压力保持在可控范围内，它就能成为你前进的动力。”

李立沉默不语，似乎在仔细体会着我说的话。

我继续说道："如果你觉得压力太大或者不知道如何调整状态，那么你可以尝试一些放松的方法，比如，深呼吸、运动或者听音乐。这些方法都可以帮助你缓解压力，保持平静的心态。"

李立感激地说："谢谢你的建议，我会去试试的。其实我之前也试过一些方法，但是效果都不明显。听你这么一说，我觉得自己可能还是没有调整好状态。"

我鼓励道："没关系，只要你愿意尝试和努力，就一定能找到适合自己的方法。如果后续还有这方面的疑惑或困难，你还可以给我们打电话，其他接线员也会为你提供专业帮助的。"

李立的声音变得轻快多了，说道："嗯，好的！谢谢，和你聊了一会儿后我感觉好多了，也知道以后该怎么做了。"

礼貌地挂断电话后，我轻轻呼出一口气，心中感到一丝欣慰。在与李立的沟通中，我用到了例外提问、构建解决方案、赞美与鼓励等焦点技术，引导李立明白他之前是因为努力程度不够和方法不恰当才导致了学习成绩不理想，而不是他的智力有问题。他也愿意试着通过提高理科成绩来提高总成绩。我知道，我对他说的话或许不能为他解决所有问题，但至少能给予他一些鼓励和帮助，让他在面对困难时不再孤单。

深夜的杭城喧嚣已平息，但值班室的热线电话却依然忙碌着，仿佛是一束不灭的火焰，在黑暗中为那些心灵疲惫的人提供着温暖和力量，而我也是火焰的一部分。

接线员手记

李立的压力源主要来自父母和学校，包括父母的期待压力和同学之间在学习上的竞争压力。我试着在接纳他的情绪的同时，从解决问题的方向着手，通过调整认知、行为等方式来帮助李立应对学业压力，让他明白适当的压力有助于个人成长，调整他对压力的认知，同时通过帮助他找到适合自己的行动方案来增加他对学习的自我效能感，提升应对能力从而降低学习压力。另外，让李立明白放松对他的帮助也是必要的，学会在情绪状态不好的时候进行自我调整是非常重要的！在和李立沟通交流的过程中，我发现他具备良好的认知能力，且遇到的是发展性心理问题，非常适合作为焦点治疗技术的使用对象，咨询的最后也印证了这一点。

适度的压力可以激发人的行动力，但过大的压力会超出人的承受能力，从而导致人在生理、心理方面出现不适应。生理方面的不适应主要包括：失眠、食量大增或持续性食欲减退；经常感到不舒服，容易生病，有时还会出现恶心、呕吐、肠胃不适等生理反应；较长时间不参加喜爱的休闲活动。情绪方面的不适应主要包括：沮丧低落，经常显得不耐烦，暴躁、易怒；说话冷言冷语，对自己、他人的评价以及对事情的描述都有消极倾向；和父母关系紧张，对父母有抵触情绪或经常与父母发生冲突。

一等奖
三等奖
一等奖
一等奖
一等奖
二等奖
二等奖
三等奖
二等奖
小时候的我也很优秀。
1

世界大学排名
你看看你表哥多优秀！
可是我已经很努力了。
2

请问有什么需要帮助的吗？
我压力好大，你能帮帮我吗？
3

我 的 目 标
近期目标
中期目标
远期目标
咨询师说得对，或许我可以把目标分解一下……
4

第 2 章

我学不进去了

如今，青少年的心理健康问题已经成为社会热点话题。根据中国科学院心理研究所、社会科学文献出版社联合发布的《2022 年青少年心理健康状况调查报告》显示，有 14.8% 的青少年存在不同程度的抑郁风险。其中，4% 的青少年属于重度抑郁风险群体，10.8% 的青少年属于轻度抑郁风险群体。

手机成瘾话题刚上热搜，校园欺凌又挑起大众紧张的神经。我既是一名父亲，又是一名心理健康领域的从业者。坦白地讲，我也没有百分之百的把握让孩子健康成长。

在临床工作中，我们都能感觉到孩子的心理健康问题和家庭脱不了干系。当然，我们也不能把所有责任都推给父母，毕竟孩子自身的心理素养、学校的成长环境、社会文化等因素都在其中起到了重要作用。每个人都不可避免地会面对孩子成长的挑战，青少年的心理健康问题离我们并不远。

在我一次值班中，接到一名高中生的来电，她最近因一些心理健康问题而无法正常学习。

“你好，这里是杭州市心理援助热线，有什么可以帮到你的？”我接起电话。

“你好，我想和你说说我的问题，”她直奔主题，“我是一名高二的学生，最近学校已进入了复习阶段。前几天我感冒发烧了，最近几天我又在一个心理学的公众号里进行了一个自我测试，测试结果说我是轻度到中度抑郁。”

她能主动去评估自己的心理健康状态，这点值得肯定。很多青少年不知道什么是心理健康，对自己的状态是否正常缺乏自知力，往往是老师或父母发现异常才来就诊。能够主动了解自己心理健康状态的人，往往有较强的求助动机，因此干预效果也好一些。我及时鼓励他说："你能主动去了解自己的心理健康状态，这一点做得非常好。"

她回应道："嗯，虽然我这两天发烧的不舒服和抑郁的感觉比之前好了一些，但有些问题还是长期存在着。我总感觉自己活得不是很真实，不会为自己做出什么选择。比如，别人可能很清楚自己今天要做什么，但是我就是脚踩西瓜皮——滑到哪里算哪里。"她没等我评估，便接着对自己分析道："还有，有时做事时，我能感受得到我大脑的一部分处于半睡半醒的状态，很像做梦时的那种感觉。"

她似乎想把问题一股脑地全抛出来，于是我不停地记录她反映的问题。关于她所说的"半睡半醒"和"做梦"可能是意识障碍的症状，我在这部分的旁边做了标记，提醒自己一会儿要详细问问她。

她没有停下来的意思，继续说："还有就是，我感觉在和别人相处的过程中，我的一些需求和想法是被抑制的。比如，最近我发烧了，昨天教室里的空调吹得我很冷，但是我和当天负责操控空调的同学的关系一般，尽管我知道温度这么低对我身体不好，但我还是没敢去问他能不能把空调关掉。"

我在纸上写下了"人际关系问题"这行字，并做了一个简单的标记，同时也不时地用"嗯""哦"等话语回应她，告诉她我在听。

"我和班里的有些同学接触时会格外紧张，所以平时能不接触就不接触。再加上前段时间的抑郁，我变得更加不愿意社交了。"转瞬间，她又换了一个话题，"前段时间我看到一个词，叫'共生'，我感觉我和我妈就是一种轻微的共生关系。具体我也说不清楚，但就是感觉她总是想过度操控我，哪怕是吃顿饭，她自己没怎么吃，却总是问我要不要吃这个吃那个，没过几分钟她又要告诉我某件事该怎么做。我每次和她对话，我俩总是那几句话，我根本没法和她正常对话。几乎没有什么话题可以让我们轻松地聊下去。我妈不了解我的情况，所以总是问我一些日常的基础问题，比如，考试考什么题目、会不会做。”

她不停地倾诉着她的困扰，也不管我能不能接得住。我不停地在纸上记录着，并对这段内容写下关键词——“亲子沟通”。

我回应她说：“听起来你有很多问题需要解决，还有什么要补充的吗？”我想通过她对问题的描述，了解更多她的症状表现和原因。

她继续说：“还有就是，在我遇到困难的时候，比如遇到很难的题目，要么就是想很久很久，脑子转得很慢；要么就是走神，思绪都不知道飘到哪儿去了，好半天才回过神，然后就对这个困难很抵触。我跟我父母说了，他们说我抗压能力太差。”

“嗯……”我继续听着。

“对于需要背的东西，我背得也很慢。原因和我刚才说的差不多，就是背的时候不能很顺畅地进行下去，要么没有理解进去，要么就是读了几遍后也背不出来。”她补充说。

“你是怎么理解这种情况的？”我追问道。

“我觉得这不是我能力的问题，其实我做题很快、背得很快，但我就是不知道自己为什么会出现这种情况。我上初中的时候也遇到过这种情况，现在就像是那个时候的翻版。可能是因为这个问题在我上初中的时候没能彻底解决，所以现在又体验了一次。我可不能把这种情况带到大学或者更往后的生活中啊！我得彻底解决这个问题。嗯，我的情况大致就是这样！”她回答说。

我从她的回复中得知，她这种注意力不集中、思维缓慢（即她说的“脑子转得很慢”）的问题并不是一直存在的，只是在上初中时出现过。不过，鉴于注意力不集中、思维缓慢是抑郁症的临床表现，因此，我接下来需要对她的抑郁状况进行简单、初步的评估。

我等了她一会儿，见她没有继续补充，便问道：“今天你说了很多想要解决的问题，如果我们先选择一件事来讨论，你想先解决哪个？”

在心理热线接听中，我经常会遇到倾诉欲望很强的人，甚至都不给我互动的机会。有些人提供的是一些有用的信息，有些人则是抱怨和反复强调。今天这名高中生属于前者，看得出来她给我打电话之前是做过准备的。听完她的表述，我需要对今天的谈话进行聚焦。

她思考片刻回答："我想知道如何应对接下来的学习，我现在的学习效率太低了。"

由于她之前提到自己有时候处于半睡半醒状态、注意力不够集中，因此我进一步引导她说："你觉得是因为状态不好而导致学习效率低，还是因为学习方法不合适等原因？"

她说："应该是我状态不好导致的，而不是学习方法问题。"

"所以说，如果你的状态变好了，学习效率就能提高，可以这样理解吗？"我引导她找到问题的核心原因。

"是的，可以这么说。"她回答道。

"你刚刚说到你在上初中的时候也遇到过这样的状况，那时你是怎么过来的呢？"我想找到她身上的可能资源，便问起了她上初中时的应对方法。

她回答说："其实我当时并没怎么刻意地去应对它，过了一段时间就自然而然地好了。我中考的成绩并没有多优秀，只是刚好达到我现在所在高中的分数线，所以对考高中的这个结果的影响不是很大。"

"你是说，你上初中遇到这个问题时并没有去求助，也没有刻意地想解决办法，最后运气好，还是考上了这所高中。"我再次重复，以确认她初中是怎么过来的。

"是的，还好那段经历对最后的结果影响不是很大。"她回答，带着一丝庆幸。

"是什么让你现在想去解决这个问题呢？"我问道，想明确她的动机。

"中考时运气好啊，但我以后不一定每次都能有这么好的运气啊！"她回答道。

"你的意思是，你现在的状况让你痛苦，你想改变，是吗？中考的时候你的运气不错，但是现在就不一定有这么好的运气了。"我反馈道。

"是！无论结果怎么样，我在这个过程中肯定是很痛苦的。我一直觉得我现在并不是真实的自己，而且我现在感觉很痛苦，不管结果好不好。"

“即便你感到很痛苦，你还是努力地完成学业，你的毅力让人佩服。”我看到她坚毅的一面。

为了明确她的这种状态与抑郁的关系，我打算评估她的抑郁情绪。说道：“你之前说你做了测试，结果表明你有抑郁的表现。我不知道你对抑郁有没有了解，很多人在抑郁的时候，学习效率都会下降，表现为记忆力差、思考能力差。你去医院看过吗？”

“没有，但是学校有心理咨询室，我去那儿咨询过。”她说。

“我接下来会问你一些问题，你只需要根据自己最近两周的情况来回答就可以了。”

“好的。”

“你最近睡眠怎么样？”

“不太好，昨天还好点。”

“最近胃口怎么样？”

“比以前稍微差了一些，但还好。”

“有没有经常想哭或是感到不开心？”

“有！”

“对于之前自己喜欢做的事情，现在还有没有兴趣？”

“兴趣低了很多。”

“有没有觉得自己很没价值？”

“有！”

“有没有经常对自己做的事情感到很后悔？”

“有一点。”

“有没有感到脑子变得不是很灵活？”

“有！”

“你出现这些情况的时候，有没有产生过特别消极的想法，比如，有些人会产生不想活的想法，你有吗？”

“呃……倒是没那么严重，但我的确有过很消极的想法。”

“以前有没有伤害过自己？”

“没有。”

“通过以上评估，我怀疑你可能有中度抑郁，具体情况还需要以医院的诊断为准。我建议你父母带你去医院做一下详细的评估。”我如实地告诉她我初步评估的结果。心理热线的服务是不能给来电者进行疾病诊断的，只能进行初步评估。通常情况下，我们会通过睡眠、饮食、情绪状态、兴趣减退程度、无价值感、自杀意念等方面进行评估。对于有疑似中度及以上抑郁症的来电者，我都会建议对方去医院就诊评估，因为中度及以上的抑郁症很难通过患者自己的调整进行改变，需要得到专业的干预。

虽然抑郁症如今已经广为人知，但仍有 60% 以上的患者是没有得到规范治疗的。有的人认为这不是病，只是想不开导致的；有的人认为得了这个病后还得靠自己慢慢走出来，医生帮不了什么忙。来电的这名高中生从初中开始就有症状了，但一直没去医院就诊，只是去学校的心理咨询室咨询过。

为了说服她积极就诊，我补充解释道：“我们都知道，当身体上出现比较严重问题时，个人是很难自己克服的。比如，如果我们发烧了，要是温度不高，我们就可以通过多喝水、多休息来缓解；要是温度很高，就需要吃药，仅凭多喝水、多休息是很难痊愈的。大脑也是如此，如果我们只是偶尔不开心，它就能自己恢复过来；但如果我们是长时间不开心，甚至出现注意力无法集中、意识不清楚等情况，大脑就很难自己恢复过来了，需要寻求专业的干预。”

“嗯，好的。”她回答道。

“针对你目前的状态，最好的解决方法是先寻求医学帮助，同时结合心理咨询。”我打算结束这次通话，总结道，“我们再来回顾一下今天谈论的情况。你刚打电话进来的时候，说了自己的学习状态、和同学的关系、和父母的关系，这几个话题之间可能存在着相关性。我们将注意力集中在你最想解决的问题上，即如何改善学习状态。通过评估，我怀疑这些问题是抑郁导致的，所以建议你先去医院做个全面的评估。”

“好的，谢谢！”她回答道。

“好，祝你早日好起来！以后你有需要随时都可以打电话过来，我们这里是 24 小时开通的。”

接线员手记

在这通电话中，我没有对来电者进行干预，只是对她进行了初步评估。之所以这么做，是因为：一是来电者的问题由来已久，问题持续的时间越长，解决起来往往越棘手，加上她的问题与家庭关系、人际关系也存在关联，需要进行系统的心理咨询；二是来电者的症状比较严重，已经影响了她的正常社会功能，比如注意力不集中，有时候还会处于意识模糊状态。我认为首要任务是通过药物干预，提高大脑的认知功能，改善注意力，然后再结合心理咨询进行综合干预。无论是心理热线还是心理咨询服务，都不是万能的。

在我国乃至全世界，抑郁障碍在精神障碍中的疾病负担均占首位。在全世界所有疾病的疾病负担中，抑郁障碍排名第 13 位；在我国，排名第 11 位。然而，抑郁障碍患者充分治疗率却不足 10%，在精神卫生专业机构就诊的抑郁障碍患者中，仅有 7.1% 的患者得到了充分治疗；由于多数抑郁障碍患者未到专业机构寻求帮助，因此人群中仅有 0.5% 的患者得到了充分治疗。青少年已经成为抑郁的高风险人群，因此父母需要提高对抑郁的识别能力，重视和孩子的沟通。

心理热线作为一种便捷的心理健康服务方式，普及心理健康科普知识、提高抑郁症的规范治疗率是一项重要工作任务。心理热线接线员也要克服助人情结，从专业出发，为来电者提供最合适的解决方案。

你好，请问是心理热线吗？我的状态不太好，我……好像得了抑郁症……
1
MDQ 心境问卷
烦躁
SCL-90 症状自评
SDS 抑郁自评
中度抑郁
自责 悲观
SAS 焦虑自评
PSQ
睡眠差
中度焦虑
2
我害怕社交，不敢和一些同学接触。
我妈妈很容易在小事上操纵我。
我好像有一台问题制造机。
我的大脑总不清醒，半梦半醒的，做事情效率低。
我总是活得不真实，没有目标。
我记忆力很差。
我害怕困难，抗压能力太差。
3
4
把混乱的问题梳理清楚，是解决问题的第一步。

第3章

我不敢和同学说话

徐凯文老师在一次心理访谈中说，解决当下青少年心理健康问题的方案其实很简单，做到这两点就可以减少大部分的心理健康问题：一是保障孩子每天八个小时的睡眠时间；二是保持每天三个小时的活动时间。

确保充足的睡眠时间不难理解，为什么确保充足的活动时间也很重要呢？因为在人的成长过程中，学会认识自己和与别人相处，这对心理健康是非常重要的，而这个能力需要在与人不断的互动中完成。我们这一代人读书的时候，课间跳皮筋、打乒乓球、打篮球、嬉戏打闹的场景很常见，放学后大家各自约着去谁家里玩也是常规活动。如今，孩子在课间休息时不能自由活动，大课间以跑步为主，体育课每周只有两三节且经常被占用，放学后不是各自回家写作业就是上补习班，周末也是被各种兴趣班和补习班挤占，社交活动的时间被大大压缩。没有充分的人际互动，孩子就无法学习如何与同龄人社交、无法充分地共情他人、无法积累处理挫败感的经验。在这样的成长环境中，孩子难以学会如何处理人际冲突和他人评价，有些孩子甚至会变得害怕社交。如今，关于校园欺凌事件的报道屡见不鲜，我觉得与之不无关系。

在这个案例中，来电者就是因为社交困难而不敢和同学说话，严重影响了他的正常社会功能。痛苦之下，他拨打心理援助热线求助。

“你好，这里是杭州市心理援助热线！”我戴上耳机。

对方没有回应，一阵沉默，但电话是通的。

我等待了约五秒钟，继续问道：“你好，你打电话过来，有什么话想和我们说吗？”

“……我听到了。”对方简短地回应道。

“有什么可以帮助到你的？”我缓和地问。

“我只是想打一个电话……我也不知道自己怎么了……这种情况已经有一年多了，我不敢跟人接触。”他边思考边谨慎地说。

“可以具体说说‘不敢跟人接触’是怎么回事吗？”我引导他将问题具体化。

“我一直在努力地和别人说话，但感觉越来越不行了，我现在已经不敢出门了。”他似乎做了很多努力，但情况反而越来越严重了。

“你是害怕什么吗？”我想让他面对自己的恐惧。

对方又沉默了。

“你和我的通话都是保密的，你不用担心。”我担心他是因为害怕隐私被泄露才沉默的，便补充强调了心理热线的工作规范。心理热线和心理咨询一样，伦理上都需要遵守保密原则。我所在的医院是国内最早开通心理热线的医疗机构之一，每一通来电都会被录音，一是作为工作原始资料，二是用来督导和质控。这些录音材料都只保存在内网，不会被上传到互联网上。

“嗯，我知道。”

我继续引导：“你是怕和别人接触以后会发生什么吗？”

“我担心会被别人骗……”他仍然简短地回应着，像是还不太能充分表达自己的感受。

“你之前受到过类似的伤害吗？”我问。一般来说，过往的经历会影响我们对事物的判断。

“不清楚，没有吧！”他说。

我感觉线索被掐断了，于是试着根据他目前遇到的问题进行目标聚焦。我说：

“听起来，你目前在社交方面存在一些困难。你今天打电话来是想获得什么样的帮助呢？”

“我也不知道。我现在很绝望，不知道该怎么办……”

“今天的电话结束后，你希望获得什么收获呢？”我从另一个角度问他。

“我没想过。”他回答。

我根据他的回答推测，他今天打这通电话可能是偶然的。我对他的感觉是，他对自我的认知有限，只知道自己现在很痛苦，并不清楚到底什么使他这么痛苦；或者，他对心理热线还不够信任，于是，我尝试缓解明确目标带给他的压力，说道：“那我们可以边走边看，希望我们今天的谈话会对你有所帮助。”

“好的！”他回答道。

我打算先了解一下他的基本情况：“也许我们可以先认识一下，让我更了解你一些，这样我才能更好地帮助你。你可以介绍一下自己吗？”

“我叫王旭，是一名学生。”

“今年多大了？”

“22 岁。”

“那你是大学生了，大几了？”

“大三。”

通过一问一答，我得知王旭在离家不远的城市读大学，家里还有一个姐姐。他从小在家人眼中就是一个听话懂事的孩子，学习成绩也不错。初步接触后，我感觉王旭主动表达的意愿不强，多次出现沉默，从声音判断，他的情绪状态也不佳。根据他之前的描述，我想针对细节和他进行确认：“你之前说担心自己被人骗，但又说没有被人骗的经历，所以你所说的‘骗’具体指的是什么呢？”

在心理咨询和日常沟通中，不同的人对同一个词汇的理解是存在差异的，只有把它还原到具体的情境中，才能理解个体真正想表达的含义。

他解释道：“就是不敢相信别人，担心别人会欺骗我。”

“这种担心对你的社交有多大影响呢？”

“现在别人跟我说话，我只是敷衍一下，不会继续说话。”

“这影响到你正常的学习和生活了吗？”

他停顿了一会儿，说：“我不敢和别人说话，甚至包括我的家人，我已经很久没跟他们说话了。”

我问：“你家人联系过你吗？”

“联系过，但我会找各种理由拒绝回家。”

“你在学校时，和老师、同学的关系怎么样？”我继续评估。

“基本没什么接触。辅导员偶尔会打电话给我，但是我能不接就不接，除非他找上门来。”

通过对话，我了解到他的社会支持系统正在走向破碎，便想试着帮他寻找身边的资源。我问他：“看来辅导员还挺关心你的，你觉得辅导员怎么样？他知道你的情况吗？”

“他并不知道我的具体情况，我会假装正常，让别人看不出来。”

“在你信任的家人或朋友中，有人知道你的情况吗？”

“我从来没有和别人说过我这个情况。”

“你之前寻求过帮助吗？或者就诊过吗？”

“没有。”

我推测，他最近两年来独自在痛苦中煎熬着，缺少相应的社会资源支持和帮助。我引导他主动寻求帮助：“其实你已经发觉自己的心理出现问题了，所以今天才打来这个电话，是吗？”

“是的，我装得很累。”他语气中略带痛苦。

“你渴望去和别人接触、交流吗？”我围绕他的社交障碍继续进行评估。

“渴望，我一直想和别人说话……但是主动不起来。”

“那如果别人主动来找你呢？”

“我也害怕。比如今年寒假，同学找我出去聚聚，我其实很想去，但是又很怕见到他们。”

我留意到，他用两个“很”字表达了内心的强烈冲突，便试着引导他识别自己的想法：“你害怕什么呢？”

“害怕他们看出我不正常，我觉得很丢脸。”

“当你和别人社交的时候，你担心被别人当成异类，是这个意思吗？”我对他的回答进行了明确和补充。

“是的，我很害怕他们说我不正常。”

人类的心理和生理的评估方式存在很大差异：生理可以通过生化指标、解剖学改变、病理改变等相对客观化指标进行描述；截至目前，心理活动则无法通过仪器或者生化指标进行准确判断，我们只知道心理活动对应的大致脑区，但无法具体到哪条神经环路、哪个神经元。要想知道一个人的想法、情绪、动机状态，就只能通过行为观察、访谈评估等人工作业。王旭认为自己不善社交、担心被别人看出来自己和别人不一样，便尽量减少与他人的社交接触。这进一步导致了事情的恶化，使他陷入了“害怕社交 - 无法社交”的恶性循环。这种内在的心理冲突也让他产生了害怕、疲惫、自我厌恶等情绪。

我问：“你的这种情况是从什么时候开始的？”

“去年就有了，今年比较严重。”

“这个问题是否影响了你学习？”

“对我影响挺大的。”

“如果影响程度最高是 10 分，那么 0 到 10 分，你觉得这个问题给你的影响可以打几分？”我尝试进行量化。

“7~8 分吧。”他回答道。

刻度化评估是心理热线中经常用到的一种评估方法，从他的评分可以看出，这件事已经显著影响到其正常学习功能了。

“你最近的睡眠和饮食怎么样？”

“还好吧。”

好在他的睡眠和饮食没有受到太大影响，我基于他的情况进行了总结和确认：

“通过刚才的对话，我已经基本了解了你目前的情况。因为你觉得自己不善社交，所以平时很少主动社交，导致你与他人的社交越来越少；同时，你又希望自己可以和别人交往。这种矛盾和内耗让你感到很痛苦，影响了你的情绪和学习。是这样吗？”

“是这样的，我感觉很痛苦。”他回答道。

“要想解决这个问题，就要寻求外界的帮助，单纯依靠自己调整是非常难的。”停顿片刻，我继续引导他寻找帮助，“你的家人觉察到你目前的状态所发生的变化了吗？”

“最近，我妈一直打电话说想让我回家看看。”他回答道。

“你平时不常回家吗？”我问。

“这学期就没回过家，以前基本上是一个月回一次。我姐和我姐夫之前来学校看过我一次，因为我成绩下滑，他们就问我还想不想读书，我说我还想读。”

“家人是你最大的社会支持，你可以试着告诉他们，向他们寻求帮助。”我引导他寻找资源。

“我不想让他们为我担心，那天我心情很差，乱七八糟吃了很多药。”

听到“吃药”两个字，我心里咯噔一下，没想到他会做出轻生行为。不过，他毕竟只是说“吃药”，而没有直白地说出来，所以我还是想慎重地确认我的判断，于是我问他：“你吃药的目的是什么？”

“想一次性解决问题。”

“你是说，你想通过吃药来结束自己的生命吗？”我再次确认。

“是的。”

“后来你是怎么处理的？”我追问道。

“后来我觉得我这么做对不起父母，吐了一次，然后就没事了。”

我听后在心里松了一口气，但还是不放心，又问他：“那你现在还会有这种想要轻生的念头吗？”

“时有时无，最近这段时间没有。”他回答。

“可以看出，你非常爱你的家人。我相信你的家人也同样希望你得到专业的治疗。从你和我今天的谈话中，我认为你的表达能力没有问题，只是因为害怕别人的评价而导致你无法正常社交。如果你能解决这个问题，就能缓解痛苦。要知道，寻求外界帮助不是懦弱的表现，恰恰相反，它是一种勇敢的表现。”

“嗯，那我该找谁呢？”看来，他是愿意向外界寻求帮助的。

“由于我们心理援助热线无法提供多次和长程的心理咨询服务，因此你可以向学校心理咨询中心或医疗机构的心理咨询中心寻求帮助。同时，家人的陪伴对你来说也很重要。”

“好的，谢谢！”

“因为时间的限制，我们今天的通话就要结束了。你今天打这个电话过来寻找帮助是非常正确的选择，我相信经过专业的治疗，你一定可以成为更好的自己。”在结束这次通话之前，我想让他试着做一下总结，“你觉得自己现在的想法和打电话之前的想法相比有什么不一样？”

他说：“谢谢你和我聊了这么多。我第一次和别人说这些，说完轻松了不少。我现在知道该怎么做了——要去寻求帮助。”

我补充道：“能够主动寻找帮助是一个非常正确的选择。但因为时间有限，我们就要结束通话了，后续如果你还有困惑，那么还可以继续拨打我们的电话。”

“好的。”

接线员手记

在这通热线咨询中，我感受到了王旭的无助——他独自承受着心理上的痛苦，无处倾诉。我没有直接针对他的社交障碍进行工作，而是动员他去寻求家人、医生这些外界资源的帮助，以减少他的羞耻感。

当一个人自觉出现心理问题时，能鼓起勇气向外界寻求帮助是不容易的。我们从小接受的教育多是强调自我修养、自我调整，先从自己找原因。我们虽然知道修身的重要性，却不了解如何修身。因此，在我们自修的功力不够时，就要积极地向外界寻求帮助。

据调查统计，我国心理障碍人群的就诊率不到30%。在这通来电中，王旭感觉自己出现了心理问题，但因为有羞耻感，所以他一直不敢让家人和老师知道，没有得到及时的帮助。由于心理援助热线具有隐蔽性，因此成为很多心理障碍人群的倾诉通道。我们的工作不仅可以减少来电者的羞耻感，增强来电者求助的动机，还可以为他们介绍寻求帮助的途径。

好像所有人都比我自信……
1
2
我束手束脚，特别压抑。
未接来电列表
辅导员 上午 8:43
辅导员 上午 10:01
妈妈 中午 12:40
姐姐 ……
辅导员 ……
辅导员又打电话了，我到底接不接……
3
4
在心理援助热线老师的建议下，我终于走进了诊室。
心理科
你好，能说说你遇到什么问题了吗？
我害怕社交……

第二部分
透不过气的家

家是我们得到许多爱的地方，也是我们受到很多伤害的地方。拥有一个幸福美满的家庭，对我们的一生起到了举足轻重的作用。

第 4 章

我和爸爸的关系很糟糕

医院的 24 小时心理援助热线分为白班和夜班：白班由两名专职接线员负责；夜班由医护人员或获得国家心理咨询师资格证的兼职志愿者负责。作为兼职的心理热线接线员，我每个月都会有 1~2 次值夜班。很多像我一样的兼职接线员，因为热爱心理学、希望在积累专业经验的同时服务社会，便参与到心理援助热线的公益服务中。这条心理援助热线已经成立 30 年了，每天都有来自全国各地的电话，是名副其实的“热线”。一通简单的电话，联结着千里之外一个个陌生人的酸甜苦辣。

刚登录电脑账号，就显示有一通所属地为广东省的电话打进来。

“你好，这里是杭州市心理援助热线，有什么可以帮到你的吗？”我清了清嗓子，以惯用的开场白开始了这次通话。

电话那头传来年轻又低沉的男性声音：“嗯……其实没什么事，只是不知道自己为什么最近容易失眠。我总感觉很孤单，又找不到人聊天，好像总有心事，可是又说不出来，想打电话过来聊聊。”

我回应道：“可以的，听你的声音，我猜你的年纪应该不大吧？”

“嗯，我 20 岁。”电话那头简短地回答道。

我快速在记录纸上写下来电者的年龄，同时开始做心理画像拼图。心理热线不同于面对面咨询，只能通过问询和声音来判断对方的心理状态。刚刚对方提到

“失眠”和“孤独”这两个关键词，我决定先评估一下他的睡眠情况。我问道：“你说你最近容易失眠，是有一段时间了，还是只有这几天失眠？”

“嗯……我失眠有一段时间了。”对方回答道。

“你为此去医院看过吗？失眠是可以治疗的。”我想了解一下他的就诊历史。

“没有，我觉得应该是心理问题。”来电者略带肯定地回答道。

“是什么让你觉得这跟心理问题有关呢？”我试着通过这种反问来让对方评估自己的心理状态。

“我觉得是心理方面的问题，所以想打电话聊聊。”

“说说看，是什么问题？”我想引导来电者走进内心世界。

“就是觉得心里堵得慌，但又不知道是哪里出了问题。”来电者描述着自己的躯体感受。

“你能具体描述一下这是什么感受吗？”我顺着这个躯体感受走下去。

“好像有什么能量被堵住了，但又不知道是什么原因，就感觉整个人被吸住了。”来电者回答道。

“这种感觉让你很不舒服，最近发生了什么事吗？”我简单地共情他后，打算询问一下外界的刺激因素。

“是的，感觉很糟糕，倒是没有什么特别的事……嗯，我总觉得和家里的关系处理得不是很好——我跟父母的关系一直不太好。虽然没有什么特别严重的事，但因为长期处于一种不是很舒适的状态而感到很压抑。”来电者这次回应比较多，也把自己的心事说了出来。

我感觉找到了对方真正想要讨论的事情，于是问他：“这种状态持续一段时间了吗？”

“嗯，持续很多天了，我今天才缓过来。之前我总是失眠，白天困了就睡一整天，到了晚上睡不着，有时候睁眼到天亮，然后白天再睡一整天，我对自己陷入这种循环感到很生气、很自责。唉，我也不知道自己为什么会变成这样，但目前情况就是这样的。”来电者详细描述了他的睡眠情况。

根据来电者对他睡眠情况的描述，我试着解释道：“人要是睡眠不好，状态就会受影响，还会让人多想，可是想得多了，睡眠又会受影响，形成一个恶性循环。”

“是啊，我就是这样。我就是感觉这与我跟父母，尤其是跟我爸的关系不好有关。我对我父母有很多怨气，我觉得他们不会照顾我，也不会教育我。”

听到来电者对父母的教育表示不满，我立刻意识到，由于亲子关系问题往往涉及童年的成长经历，在心理热线中很难进行深入分析，因此我没有继续这个话题，希望能聚焦当下，帮助来电者找到一些资源，于是问他：“当你想起这些事、心情不太好的时候，通常会做些什么来调整？”

“我也不知道，反正大部分时间心情都不太好，也没有为此做些什么，心情不好就不好吧，哪怕这很影响效率。”

听了他的自我评估，我希望他再做一下社会功能评估，问道：“你白天正常上班吗？”

“半个月前我就辞职了，然后一直在家待着，心情很差。可是，我真的不想晚上睡不着、白天睡大觉，我很希望自己能像其他人那样每天的生物钟都很正常，能在白天做一些事情。而且，我现在更多的感受是寂寞，很想找个人聊聊天。尤其在我一个人的时候，孤独感很强烈，我真的实在没办法了，才给你们打电话的。其实，我今天打电话过来也不是讨论失眠，我什么都不需要和别人讨论，只是希望能有个人陪我聊聊天，但我在生活中真的找不到谁来和我聊天。”

我继续询问他的社会资源：“我能感受到你的孤独感，你平时是一个人住还是和父母住？”

“我现在是跟我父母住在一起，但我和我爸没有情感联结——他要么玩手机，要么看电视。他在我小时候还教我骑车、教我放风筝，但现在我大了，他对我越来越冷漠了。有时候，我也很想得到我爸的认可，想和他说些什么，但就算说了他也很少回应我。而且，他的脾气还很暴躁，他现在很少正面和我互动、沟通了！是的，这些都没有！”

听了来电者的控诉，我感受到他对爸爸有着一种很矛盾的感情，而且倾诉欲望很强，所以我决定不妨让他倾诉一会儿。我回应道："看得出来，你很希望得到爸爸的认可和回应，你和他沟通过你的想法吗？他会不会有什么苦衷？"

"他有什么想法可以跟我说啊，虽然我还年轻，但我也是一个独立的个体。你不觉得这不公平吗？为什么身边人的爸爸都做到了，都很会教育子女，还很有文化，但是我爸只有初中文化？让我生气的一点是，我爸因为学历低而不会教育——当然，也不是说有文化就一定会教育——我只是想说，他没这个意识，不会去想要如何教育儿子，也没觉得这是个问题。更要命的是，我也只读到了初中毕业，我本来是想去上高中的，但我爸跟我说不用继续读下去了，那时候我还小，稀里糊涂的，没有自己的看法，就听他的话不继续读书了。现在我有点后悔了，但是也没办法了。我现在怨气很大，能做的工作也只是服务员之类的，此外，我妈还是一个懦弱的女人。你看到了，我的家就是一个有问题的家，我每天都有很多烦恼。"

我耐心地听着来电者的倾诉，等他把内心的不满一股脑地发泄出来，他平时很可能没有这样的倾诉机会。听他说完了，我安慰他道："我理解你现在肯定很难受，你也知道你的父母是爱你的，但他们用的方式并不是你喜欢的，对吗？"

"是的，他们只是在物质上给予我支持，但在精神上完全没有给我任何指导，但我其实更看重的是后者。对于有些成年人来说，物质上不太富裕倒也没关系，说得通俗点，有钱多花，没钱就少花；但是精神上不一样，父母需要给你爱，如果他们没有给你，那种创伤就比没有东西吃的感觉更可怕。也就是说，如果你饿了，吃饱了就没事了；但是如果一个人没有被父母爱过，就会有一种匮乏感，这是很难弥补的，会让人觉得怨恨、委屈，还会让人为此失眠。"

听来电者说得很委屈，我打算正向引导他："你有没有尝试过做点什么来改善你跟你爸爸的沟通方式呢？"

"嗯……我不知道和他存在什么问题，无论我跟他沟通什么，我都觉得他不愿意和我沟通，他都不想向我敞开。我觉得最理想的状态是，他被他爸爸也就是我爷爷爱过，那么他在成为爸爸之后就能知道如何爱我了，而不是像个小孩似的，只知道疗愈他自己，根本没时间管我。有时候我为自己感到很委屈，会想为什么别人家的爸爸能那么好，别人家的孩子能那么幸福，随后还会想很多。”

我的正向引导没有得到预期的反馈，他还是一味地抱怨着爸爸，但我没有放弃，于是问道：“你认为理想的父子关系是一种什么样的状态？”

他不假思索地回答道：“可以畅通无阻地交流，无论孩子做什么，只要不是原则性的错误，爸爸就都能无条件地支持他，不替他做决定……嗯，也可以给他建议，比如给他列出多个选择，再告诉他各个选择的利弊，让他自己选。在孩子做事情的过程中，能仔细观察孩子的情绪，发现微妙的变化，还能及时调节孩子的情绪，或者和他互动。比如，发现孩子放学到家后脸色不太好、不太爱说话，爸爸就能很敏感地捕捉到，然后主动地问孩子是不是发生什么事情了，再分享自己遇到这种事情时的解决办法。我爸可倒好，无论我什么样他都像没看见似的，即使他看见了我，也只是骂我为什么黑着脸，他对待我的方式很粗暴。”

听来电者描述着他所期待的父子关系，我推测他读过相关的书籍和文章。我希望能通过肯定他对理想亲子关系的看法来对他进行正向引导：“你希望爸爸能和你多多交流，我相信你将来肯定会是一个好爸爸，你的孩子一定会很幸福。”

“唉！”他叹了口气，声音中满是沮丧，“我都不敢组建自己的家庭，因为我很怕给自己的下一代造成伤害。如果我的孩子没有体验到快乐，那还不如不把这个孩子带到这个世界上。只有我过得好，我才有能力照顾好孩子。”

“我觉得在这个过程中，你也在反思你的父子关系，这对你将来一定是有帮助的。是否一定要让你爸爸成为你理想中的爸爸，你才能继续生活呢？”我启发来电者思考另一种可能。

他沉思了一会儿，问道：“我该怎么调整我自己呢？”

听到他要为此而努力改变，我很欣慰，于是对他说：“我推测你读过一些关于亲子关系的书籍和文章，也开始思考什么样的父子关系是健康的。其实，这就是一个非常好的开始。”

“嗯，是的。不过，虽然我知道了什么是对的，但我还是没有信心。”

我鼓励他说：“原生家庭的确能给我们带来影响，但这并不意味着我们无法改变，每个人都需要为自己负责。”

他没有说话，但我猜他一定在思考。过了一会儿，他说：“是的，的确是这样的。”

由于心理热线一次咨询的时间有限，而且也不可能因为这一次咨询就能帮助来电者解决所有问题，因此我对今天的通话内容做了总结：“经过这么长时间的对话，我对你的情况有了基本了解。我能理解你对你爸爸的期待，但现实情况是，你爸爸无法像你期待的那样，可是这并不代表你不能继续生活。心理热线很难一次帮你解决问题，我建议你寻求面对面的心理咨询，这样能更系统、更有效地帮助你解决问题。如果有需要，你还可以再打电话过来，今天我们到这里就要结束了，可以吗？”

“好的，谢谢！可是，心理咨询的费用好贵。”来电者回答道。

“再见！”我听到了来电者的最后一句话，但没有选择回应，因为这个话题超出了今天的讨论范畴。

接线员手记

结束通话后，我开始简单整理记录本。我感觉自己经历了一次心理拔河，这场拔河的特殊性在于我不能硬拽，需要贴着来电者的感受，适时地拉他一把。我感觉自己被一股怨气包围住了，稍不注意就会被来电者卷入。在这个过程中，我既要共情来电者，又要保持中立。心理咨询的最终目的，就是希望来访者自己成为自己的心理咨询师。我们希望来电者能成长起来，明白“我们不能控制风向，但我们可以调整帆”[①]的真正含义。尽管一次心理热线通话不能立刻帮来访者解决问题，但至少可以给他一个倾诉和思考的机会。

每个人都在原生家庭中长大，一方面，父母的基因通过遗传形成了我们的生物学基础；另一方面，父母的言传身教也会潜移默化地影响我们。如果我们出生在一个不幸福的家庭，父母并没有那么完美、不懂得如何养育孩子，我们的人生就注定不幸福了吗？要想超越原生家庭对我们的影响，就要先去了解自己的原生家庭，再糟糕的原生家庭也有其存在的理由。要想改变自己，就要先接纳自己的过去。只有接纳原生家庭，才能超越原生家庭；只有拥抱自己的内在小孩，才能抚平过去的创伤。

① 语出美国作家詹姆斯·迪恩（James Dean）。

为什么别人
都有个好爸爸？
爸，咱们能
沟通一下吗？
你又有什么事？
真怀念小时
候，爸爸带我放
风筝……
接纳自己，心灵
才会长出翅膀。
接下来
要怎么办？

第 5 章

我不敢回家

和往常一样，我提前半小时来到热线值班室，先准备好一晚上需要喝的热水，泡好茶，放好水果，然后拿出值班专用的记录本。在我按照自己的工作习惯把一切准备就绪后，打开系统登录工号，开启今晚的工作。

因为我在学校工作，所以平时接触的学生和家庭关系的个案也比较多。据《中国统计年鉴（2023）》的数据，2023 年全国离婚人数高达 433.9 万对，离婚率攀升至 3.09%，离婚似乎已经成了一个“稀松平常”的现象。据此推测，遇到类似原生家庭影响的青少年相较于以往也有所增加。今天的这通来电就能告诉我们，坏脾气的爸爸，以及父母离异与家庭重组这样复杂的关系，有可能会对孩子造成什么样的心理伤害。

00:07，电话铃响了。

“你好！这里是杭州市心理援助热线……”这是我们标准的开场白。简单的问候之后，以开盲盒的心情等待着对方的回复，想着对方会向我倾诉些什么。

“你好，我叫小艾，我平时的心情比较抑郁，因为我生活在一个单亲家庭，家里人都不怎么管我的。我去找过我们学校的心理老师，老师给了我这个热线号码，说我可以给你们打电话，和你们倾诉一些事情，心情就能好一些。”小艾直接切入主题。

这个女孩的声音带着几分畏缩、几分稚嫩，让我感觉她是一个胆怯的孩子，且年龄偏小，于是，我先和她确认了一下年龄："嗯，你今年多大了？"

"14 岁，上初二。"

由于小艾给出的"心情抑郁""单亲家庭"等信息指向性不够明确，因此我沿着她的思绪引导道："你刚刚说你是单亲家庭的孩子，心情也不好，想通过倾诉让自己心情好一些。你现在有什么想对我说的吗？"

"在我很小的时候，父母就离异了，我跟爸爸生活。他经常打骂我，不怎么管我，我觉得有一些问题。"小艾停了停，似乎这让她心里很难受，等她调整了一会儿后接着说道，"在别人和我谈起我的家庭时，我会控制不住自己的情绪，会发怒，我不知道该怎么办。在和同学们玩的时候，我们也不是很融洽，可能是我心理有什么问题吧！"

从小艾的叙述中，我能感受到她的无助和不知所措，还能感受到她想改变的欲望。我之所以用"欲望"这个词来表达我的感受，是因为我觉得小艾是在求生本能的驱使下打来电话的，是她在万般无奈之下的选择——有期许，但又不敢抱有希望。

我和小艾慢慢地交流了一会儿，大体了解了她的一些情况。小时候父母离异，小艾在爸爸作为监护人的单亲家庭中成长，爸爸的教养方式简单粗暴，两人互动困难，爸爸经常对她漠不关心。在这种环境中成长的小艾难以感受到被理解、被关心、被接纳的美好，更难以建立自尊、自信，逐渐将爸爸的态度和评价内化为自我的一部分，长大后出现自卑、孤僻、内向、压抑的表现，我想这也是她和周围人难以建立良好关系的重要原因。根据我们接触的大量案例可知，原生家庭存在问题的孩子，最直观的表现之一往往是其人际关系存在问题。

对于小艾的这种情况，除了鼓励她做一些积极行为外，当下最好的处理方法就是帮助她发现和谐的人际关系。因此，我选择将话题引导到同学关系上。我说："嗯，所以你也意识到这会影响你和同学的关系，这非常好，你今天打电话来咨询就是改变的开始，也是你变得更好的开始。我很想了解一下，在生活中，你有没有比较要好的朋友？"

“我的朋友不多，只有一个，我也不太喜欢交朋友。我脾气差，别人也对我敬而远之。”处于青春期的她，放大了源自单亲家庭造就的一些性格特点，她似乎也在无意识中给自己贴上了这些标签，影响了她的社交行为。

小艾已经意识到了自己的坏脾气和目前的精神状态均与她的单亲家庭有关系。事实上，在当今社会，类似小艾这种情况并不罕见——父母因关系不好而离异，从而给孩子带来负面影响。我安慰小艾说：“你现在年纪还小，父母离异对于你来说确实是一件大事，如果我在你这么大的时候遇到这样的事，肯定也会不知所措、心情很差的。”我在肯定了她想法的同时，也希望她能明白，每个人遇到这样的情况都有可能会出现这样的问题，这不是她的个例现象。

“我心情真的很差。”小艾的声音里满是沮丧。

我本想与小艾围绕着她的人际关系展开探讨，但她一直困在自己的情绪中，用不同的方式表达对家庭事件的不满，似乎内心有很多需要宣泄的情绪。从心理学的角度来看，说明她还没有解决好这个部分的问题，所以为了掌握更多的相关情况，以及帮助她理顺自己的困惑、明确自己的需求，我选择调整了当下的咨询思路，顺着她的需求引导：“小艾，刚刚你说了家里的问题，那你能描述一下你现在的具体情况吗？”

小艾沉默了一会儿，有些不好意思甚至有些愧疚地说了一句：“我不知道现在是什么情况，就是很乱！”

我感觉她好像无法概括她想表达的，于是引导她：“最近一段时间，是否有什么事让你很在意或者很困扰的？你可以和我具体说说吗？”

这句话像是让小艾打开了郁结之处，把内心的想法倾泻而出。她说道：“我每次踏进家门都感觉很害怕，宁愿放学和朋友一起玩到很晚也不敢回家。每次要拿钥匙开家门的时候，我都很想让时间停在那儿，我害怕进门，特别特别害怕。”

我心疼这个女孩，安慰她道：“我能感受到你的无助和恐惧，明明是自己的家却又不像家，我为你感到难过。”

围绕着“不敢回家”这个主题，她的条理性似乎变得清晰起来，勾起了更多的伤心事。“爸爸在生活、学习、社交各方面都不怎么管我，更不顾及我的情绪和内心感受。他脾气很差，喜怒无常，经常一不顺心就打我、骂我，我就是他的出气筒。就在前几天，爸爸因为一件小事误会我了，然后就骂我。我心里气不过，也对他发起火来，我们俩越吵越凶，他还说他后悔生我、养我，我们闹翻了。后来我想缓和我们之间的关系，但他并不领情。”她的语气中夹杂了很复杂的情绪，既有生气、不甘，又有害怕、担忧。她停顿了一会儿，继续说道：“自从爸爸给我找了一个后妈之后，我的生活变得更糟了。之前，我放学后都是一路小跑跑回家的，觉得家是我的归属，让我感到很幸福；现在我觉得家很恐怖，不敢进去。我真的感觉受不了了。”

这对父女间的日常交流缺乏深入的沟通和情感交流，爸爸又组建了新的家庭，小艾感觉自己仿佛成了多余的，找不到归属。我回应她道：“你太不容易了。”

提到后妈，小艾满腔恨意：“那个女人对我一点都不好，还常跟我爸说我坏话，我和她的关系很僵。我家的关系现在比较混乱，我爸和后妈经常吵架，有时候会吵好几个小时。那种要爆炸的火药味很浓，我试着去缓和，但缓和不了。”小艾轻轻地强调了一下，“而且，这样的情况会一直持续下去！”

“我真的很心疼你现在的处境。”听了小艾的倾诉，我能深切地感受到她的彷徨和无助，她失去了最后的港湾，甚至让她害怕回家了。重组家庭往往会出现家庭成员内部的权力斗争——在小艾的家中，后妈和小艾争夺爸爸，且小艾显然处于下风。后妈的出现，让原本就很紧张的父女关系进一步恶化，小艾还要面对爸爸和后妈的争吵，但又无力改变。

对于小艾来说，家就是她的全世界。每个孩子都希望自己的家是幸福温馨的，小艾同样如此。她很认同自己家庭成员的身份，容易把家庭问题归咎在自己身上——这也是很多离异家庭孩子常有的错误认知。我需要告诉小艾她是无辜的，于是我对她说：“如今，离婚是一件很普遍的事，你父母离婚并不是你的错，这是父母的事情，你不需要为他们的决定买单。”

电话的那边很安静，我能感受到小艾在思考些什么。

由于我没法对她进行家庭干预，也无法和小艾的爸爸沟通，因此我决定接下来把关注点放在小艾身上，引导她减少家庭的负面影响，过好自己的生活。我温柔地对她说："我知道你想通过自己的努力改善家庭氛围，这是你作为家庭的一分子该做的努力。不过，你还是一个小孩，有很多大人的事情不是你能改变的，因此，你目前能做的就是照顾好自己，然后成为更优秀的自己！"

小艾想了想，很干脆地回答道："对！我也没必要再去协调他们之间的关系了。"

她的用词和回复速度让我有些惊讶，但想想她的经历就不难理解了。随后，我们又在电话中聊了很多。我静静地听着她的倾诉，在适当的时候同她一起梳理思路。在对话中，我感受得到她是一个内心非常细腻敏感的孩子。

我问她："你现在和爸爸的关系怎么样？你平时在家说话吗？"

"平时我回到家后还是会主动地和爸爸打招呼、聊天的。我的学习成绩不好，但也不会像那些坏学生一样摆烂，我还是很努力地学习、考试，我想让他开心，这样他才能搭理我。"

我认真地倾听小艾诉说着自己的努力，爸爸再婚后，她被迫接受了一个让她更加难以应对的人际环境，她变得敏感，而且在家谨小慎微、察言观色，尽量不引发家庭矛盾和争吵。我为她的这份"懂事"感到心疼。

随着通话的推进，我对她的情况和她的需求有了更多的理解，但我也很疑惑：小艾并没有提到她的妈妈，而且爸爸是否有温和的一面？我纵有思绪万千，但还是强忍着好奇心不去探究，因为热线的时间有限，我需要把时间放在对她来说重要的部分上。

我对她当下的情况表示认同，也肯定了她的需求，但因为我从未体验过她的遭遇给她带来的内心痛苦，所以我很坦诚地和小艾说道："我对你的情况有了一些了解，我感受到你现在在家里生活得不幸福，主要原因是和爸爸及后妈的沟通存在问题。我非常理解你渴望美满家庭的愿望，每个人都希望有爱自己、疼自己的完美父母。然而，很多父母有自己没有解决的问题，但因为他们是大人，你是孩子，你的立场和角度都是被迫接受的位置，所以你很难与他们沟通。"

说到这儿，小艾非常认同并且快速地给了我肯定的反馈："是的！"听她的声音，她似乎是第一次被人理解。

我继续说道："那么在这样的情况下，你看看有没有哪位长辈是你可以信任的，而且这个人能对你家里的情况做一些调节的，你可以去找他帮帮忙。如果你们三个人能一起接受家庭咨询，会给你们带来更大的帮助。家庭关系不好从来都不是某一个人的事情和过错，需要大家一起努力改善，我相信你爸爸和后妈也希望家庭和睦。"按照心理热线的工作规范，我很少在咨询的过程中给出直接建议，但是面对未成年的小艾，我还是说出了我的想法，这对于她来说很重要也很需要。

"好，我争取找机会试试。"不知道是因为她刚刚痛快地发泄了内心的不安和困惑，还是因为她找到了她觉得可行的办法，我从她的这句话中感受到了一丝力量感，这让我顿时放松了很多。

"好的，那我们今天先到这里，后续如果有需要你可以再打电话来，我们热线的其他咨询师也会为你提供帮助。"很希望我与她的沟通能够成为她迈出树立信心的第一步，考虑到这样的问题肯定不是一下子能解决好的，长年累月的家庭矛盾是需要足够的时间才能化解的，所以我很自然地告诉小艾，后续如果有需要就可以继续来找我们一起商量。

"那就先这样吧，我也要睡觉了。谢谢叔叔，晚安。"

听着小艾相对轻松的回复，我微笑着对她说："晚安！"

接线员手记

挂掉电话后，已经是凌晨 1 点。我喝了点水，随手拿起点吃的往嘴里塞了一口，一边补充体能，一边梳理记录着咨询的信息。对面是灯火通明的急诊室，光线透过值班室的窗户照射进来，今夜我和同事们又一同在一线奋战。

就像小艾这样来自离异家庭的孩子们，在成长过程中面临着诸多心理问题的挑战，这些问题可能会对他们的情感、社交、学业、未来规划乃至信念等方面产生深远的影响。幸运的是，因为小艾内心的善良和温柔，所以父母离异和爸爸再婚的负面影响仅局限于她自身情绪、学习和人际交往方面，在未来规划和人生信念等方面暂时没有表现出负面影响。因此，我们需要关注并重视这些孩子的心理健康问题，为他们提供必要的支持和帮助，以促进他们的全面发展和健康成长。在电话中，我一边和她一起消化情绪，一边试着和她探讨问题解决策略，调动她的有效资源。对于离异家庭的孩子，我们还需要帮助他们树立一个正确的认识，即父母离异是因为大人之间的感情破裂，而不是因为他们导致的，并向他们表达父母离异后，父母仍然会爱着孩子，这一点非常重要。同时，孩子会对父母的人际交往行为模式进行复刻，这导致他们的社交能力普遍偏弱，我们要加强离异家庭孩子自我效能的培养，以促进和提升其人际交往能力。

真的不想回家……
都是你的错！
二班
她也太不合群了。
脾气也不好。
心理咨询室
在心理热线老师的建议下，我来到心理咨询室。
或许有一天，你可以把父母一起请进诊室。
那……我试试吧……

第6章

我讨厌妈妈，却活成了她的模样

在现有心理咨询的诸多理论中，家庭对一个人心理健康的影响是大家公认的。精神分析的开山鼻祖弗洛伊德提出口欲期等诸多重要心理发展阶段都发生在家庭中，依恋关系、客体关系理论也是研究儿童和养育者的关系对儿童未来的影响。后来，随着家庭治疗理论逐渐发展，对家庭整体的工作成了一个重要方向。中国传统文化十分重视家庭，但随着社会结构的变化，原有家庭结构也被慢慢重构。

“原生家庭”，顾名思义就是指个体出生和成长的家庭。热播剧《都挺好》把“原生家庭”这个词带火了，似乎每个人都可以把自身现在的各种不好的性格、不顺的发展、不满的人生归结到自己的原生家庭当中。如何正确看待原生家庭呢？我一边思考着，一边做着准备工作。不一会儿，热线电话响了。

“你好，这里是杭州市心理援助热线。”我戴上耳机，按下接听键。

“有一些无法诉说的东西，压得我喘不过气来……我不知道是不是每个人都有这么多隐藏的痛苦，我觉得这个负担太重了，让我感觉特别害怕。”来电者一上来就向我传递过来一股沉重的气息。

“听起来你非常痛苦，你能跟我说得具体一些吗？发生了什么事让你感觉痛苦？”我希望她将问题具体化。

对面传来了哭泣声，她说：“每一件事都和家人有关，可能是不爱吧！而且我爸妈不爱……”

“你是觉得你爸妈不爱你，还是他们不相爱？”我进一步澄清问题。

“呜呜……”对面哭泣未停，似乎积累了很多情绪。

经过断断续续的沟通，我得知来电者叫小雪，硕士学历，30 岁，已婚，没有小孩，目前在家待业半年，原因是她觉得曾经工作的内容和自己所学的东西没有关系。

前几分钟，小雪一直间断着哭泣，不知从哪里说起。她说想自杀，五六年前吃过安眠药自杀未遂，心里一直很压抑，觉得透不过气，渴望解脱。我一边采集她的基本信息，一边在确保她目前安全的情况下，尽可能地观察她面临了什么困境。她虽然有较强的对话需求，但是她表达得有些发散、混乱，我不知道是否能理解她想表达的意思。

“你今天打电话过来，主要希望解决什么问题呢？”我试图将话题聚焦。

“我爸妈一点都不爱我，我很难受。”小雪回答道。

“他们的什么言行会让你觉得他们不爱你？”我继续问。

“他们是扭曲的，整个世界都是扭曲的。”小雪回答。

“‘扭曲’的意思是什么？”我问道。由于对于同一个词，不同的人可能会有不一样的理解，所以我需要让提出者进行解释。

“他们很自私、很愚昧，我曾很幼稚地以为我可以帮助他们，然后我就努力地去帮助他们，可是我不仅没有帮助到他们，还突然发现原来他们一点都不爱我，甚至可以说，他们毫无爱的能力。我现在感到非常痛苦。”

“嗯。”这些话语从小雪口中喷涌而出，我没有打断她，只是用简单的回应告诉她，我在听。

小雪继续控诉：“小时候，我的成绩非常不好，因为我很自卑，我爸妈只是高中文化……上大学的时候我挺开心的，因为我终于脱离了原来的生活，我自由了。我曾经很希望自己可以挽救我的原生家庭，我觉得我爸妈活得太可怜、太痛苦了，我妈每次回我外婆家都哭。我之前就很幼稚地希望，他们也可以多读点书，这样他们的生活可能会好一些……我上小学的时候成绩很差，后来都是通过自己一点一点的努力，到了初中后成绩才好起来，后来上高中、上大学、考上研究生，我爸妈从来没有指导过我。”

从她的话语中可知，她对原生家庭不满意，非常想改变父母，却将彼此推向更痛苦的深渊，让整个家庭陷入一种无限的恶性循环之中。同时，我也看到了她坚毅的一面，我回应道：“你这么努力，一路过关斩将，真的非常优秀。”我话锋一转，也希望了解她痛苦的根源，“你知道你妈妈为什么会这样吗？她为什么不能像你一样努力地改变自己？”

“她心里有太多仇恨。”小雪言简意赅地说。

“她的仇恨是怎么产生的？”我希望进一步了解她的原生家庭环境。

“我爸妈经常在吵架后冷战，比如，他们吵一架，然后一个星期、一个月彼此都不说话。我一直生活在这样的环境中，情绪很难不受影响。我妈总跟我哭，她还总跟我哭诉我奶奶对她不好。我从很小的时候就有这样的印象——她躺在床上一直哭着跟我说，‘我要是不跟你说，就没谁可说了’。她每个星期回我外婆家都是一进门就哭，她从来没给过别人坚强的信心，她一直都是如此。高中是我最艰难的阶段，那时我就不太想活了，因为高中的压力很大，我很需要我爸妈的疏导，但他们从来都没有给我做过疏导。”

听了小雪述说着家庭给她带来的压抑，我能感受到她小时候的无助，我回应道：“父母吵架后冷战、妈妈伤心哭泣，这些对于小时候的你来说都太不容易了。”

“你知道那时候我是怎么过的吗？我每天晚上基本上都睡不着觉。”小雪的语气中满是委屈。

“嗯，他们在精神上给不了你支持，但是在物质上还是可以满足你的，是吗？”我想提醒小雪多方面看待父母。

“对，但在我感到非常困惑的时候，他们不仅帮不了我，还会把我往错误的方向拉。”小雪抱怨道。

“你听说过内在小孩吗？这是指一个人内心深处保留的、与童年经历相关的情感状态、记忆和体验。你的倾诉让我感受到你的内在小孩很委屈、无助，甚至愤怒，但同时也是十分善良、聪明和坚强的。请你现在试着抱抱你的内在小孩，跟她说一声‘你并不完美，也不需要完美，但你依然有资格获得爱’，好吗？”我温柔地带领小雪去看看她的内心世界。

“嗯……”小雪有一些触动。

通话到这里，我大致了解了小雪的痛苦所在，她对成长过程中心理关爱的缺失感到不满。父母的吵架或冷战，以及妈妈面对婆媳关系的无力感，都让小雪感到失望。小雪努力学习，试图从不良的原生家庭中分化出来。

“我能看到你为了减少原生家庭对你的负面影响，一直在努力尝试，甚至想要改变父母，但要想改变他们还是非常艰难的。你对未来生活有什么憧憬吗？”我想引导小雪多看看未来。

“我背负的担子太重了，我不想让我未来的生活过得像我爸妈这样。我现在已经结婚了，我和我老公之间的相处与我爸妈的相处是不一样的，我俩的感情很好，我对我们的生活充满了希望……只不过，他的身体不太好，我很担心他，我还总是想万一他哪天死了，我就会跟着他一起死，这个念头在很多年前就定下来了，因为这个世界上唯一能让我留恋的就是他。我自己毫无价值，只有在他爱我时，我才可以变成一个更好的人，我才可以去关心别人，要是没有他，我就什么都没有了。”

小雪告诉我，老公是她最重要的社会支柱。他俩是大学同学，一见钟情。后来老公生病了，得了非常严重的病，身体很虚弱。上大学时，小雪成绩非常好，人也很活跃，身边的人都觉得她可以找一个更好的男朋友。即便如此，小雪还是在考研前和他结婚了。如今，老公在证券公司上班，目前被换到并不适合他的销售岗位上。不仅老公现在的收入不稳定、有房贷压力，再加上他还需要持续吃药治疗，他们曾想过要孩子，但是小雪并不想让父母给她带孩子，让孩子重蹈她的覆辙，所以他们迟迟不敢要孩子。说着说着，小雪又伤心地哭了起来。

由于小雪之前提到妈妈经常哭，而且她在和我通话的过程中也总是哭，所以待她平息一些，我问她："小雪，平时你也总这样哭吗？"

"我在外面一般不会这样，但是我在我老公面前会这样。"

"那么你不是变成和你妈妈一样了吗？"

"对呀，我真的不喜欢这样。我已经很努力地去改变了，可是从小我在面对困境的时候，都会感觉只有我一个人，我有时实在不知道怎么办。"说着，小雪又哭了起来。

"我们无法决定自己出生在哪个家庭、哪个国家，但是可以选择自己成为什么样的人。你今天打电话过来，就是在寻找帮助，这是一个非常好的开始。"我鼓励小雪。

"我能改变吗？"小雪的哭声弱了些，话语中却显得不太自信。

"其实你已经开始改变了，只要你不放弃努力，就一定会变好的。"我继续为她加油鼓劲。

在小雪的成长过程中，父母之间的战争耗尽了他们自身的能量，使得他们没有能量去支持孩子的需求，双方的冷战也深深地影响了她。从小雪的叙述可知，她小时候的依恋关系是不安全的依恋，在她需要情感支持的时候往往求助无门，从而形成了习得性无助，让她认为自己无论遇到什么事都只能独自去面对，没有人支持她，这样的想法逐渐让她感到自己是不被人期待的、不被爱的，她的存在是没有价值的，并影响了她成年后的认知。幸运的是，她找到了一个爱她的伴侣，让她体会到了关注和爱，这是她无法从父母那里感受到的，让她重新找到了自我价值，生活有了意义。只是，由于她老公的身体状况不太好，又让她感到绝望，支持系统的单一性和不稳定让她感到世界随时要崩塌。

"你向心理医生寻求过帮助吗？"由于小雪的心理状态抑郁倾向比较明显，

因此我需要确认她是否得到过医疗支持。

“我不想去，我没钱，而且我觉得我现在的身体也比以前差了很多。”小雪回答。

“或许你可以寻找一些公益资源，街道会为居民提供一些免费的心理咨询服务。”

“好，那我去找找看。”

“由于热线电话没有连续性，所以我很难系统地帮到你。不过，如果有需要，你也可以继续拨打这条心理热线电话。”

“嗯，谢谢你听我说了这么多。”小雪的语气变得轻松了一些。

“最后，我想再跟你分享一个名叫马斯洛的人的成长经历，他是一位社会心理学家，提出了马斯洛需求层次论。马斯洛认为，人的需求是不断成长、向上向善的。有些人知道马斯洛的成就，但并不清楚他的成长经历。其实，他的童年很凄惨，父亲喜欢酗酒，对他和兄弟姐妹们非常苛刻；母亲冷漠残暴，有一次甚至将马斯洛带回来的小猫活活打死。由于他是犹太人，因此他经常莫名地遭到敌意。尽管他有这样的童年经历，但最终他还是成了一名伟大的心理学家。所以，请你相信，未来可以掌握在自己手中。因为时间有限，所以我们今天的通话到这里就要结束了，很感谢你的信任。”我打算结束今天的通话。

“好的，我今天和你说了这么多，实在是无法和其他人倾诉了。和你说完，我感觉轻松多了，而且很有收获。”小雪说。

接线员手记

接完这通热线，我长叹一口气，原生家庭牵扯的张力竟然这么大！小雪从小在精神上缺乏父母的支持，安全感低，而且还受到了妈妈行为模式的影响。她厌恶这种生活环境，觉得生活没有希望，以至于不敢要孩子，怕孩子也像她一样无助。我试图唤醒她自身的力量，拓展她的认知，帮助她找到自身的闪光点，但她很难看到自己的优势，认为自己是没有能力的、是不被期待的。庆幸的是，她老公在生活中给予了她很大的安慰和心理支持。

关于亲子关系和家庭关系的心理研究，最著名的是依恋理论和家庭系统理论。依恋理论最早由约翰·鲍尔比（John Bowlby）提出，该理论强调了早期的亲子关系对个体情感形成和发展的重要性。玛丽·爱因斯沃斯（Mary Ainsworth）的陌生情境测验将婴儿的依恋关系分为三类，分别是安全依恋、不安全依恋回避型、不安全依恋反抗型；对应的成人依恋关系可分为安全型依恋、痴迷型依恋（焦虑型依恋）、恐惧型依恋（回避型依恋）、疏离型依恋。童年时期安全的依恋关系有助于成年后健全的人格发展，本案中成年后的小雪倾向于焦虑型依恋。家庭系统理论的奠基人默里·鲍文（Murray Bowen）有两个主要的假设：其一，家庭成员间过度的情感联系与家庭功能失调有着直接的联系，自我分化是家庭成员必要的成长目标；其二，上一代没有解决的问题会趋向于传给下一代，即多代传承理论。本案中小雪没能从原生家庭中分化出来，而且还延续了其妈妈爱哭的特点。

一等奖
三等奖
一等奖
一等奖
一等奖
我为什么这么倒霉？你奶奶对我这么不好……
妈，你怎么又哭了？
1
我爸妈一点都不爱我，我很难受。
2
有时候，我觉得爱情就是我的一切。
3
接纳自我，是迈向成长的第一步。
4

第三部分
破碎的婚姻

不成熟的爱是“因为我需要你，所以我爱你”；成熟的爱则是“因为我爱你，所以我需要你”。多少爱恨纠缠在婚姻中发生、爆发又消散。对于爱，不同的人会有不同的解释。可无论哪种爱，都会在岁月长河中刻下或深或浅的印记，引导我们不断地探寻爱的真谛，在婚姻中修行。

第7章

我的前夫和儿子都背叛了我

婚姻是爱情的坟墓吗？我想并不是。婚姻的作用，除了繁衍，还有合作和依恋。这么说可能有点抽象，或许我们还可以换个说法——婚姻是两个人合作共赢、互惠互利的产物。所以，婚姻多么需要两个人好好经营啊！

心理学家卡尔·荣格（Carl Jung）曾说："婚姻是促进人的自身发展的坩埚。"在他看来，坩埚是一个绝好的象征，代表着正常的、健康的婚姻应有的样子。在一对恋人结为夫妻后，他们各自人性中的各种成分就会在这口坩埚中熔化和锻造，如果淬炼得当，那么双方都会成长为更成熟的个体。我们在生活中看到了许多痛苦的婚姻，多半是两个人的"合作"出了问题，形成了长期固化的无效解决方式，最终把对彼此的依恋消耗完毕，也"杀死"了这段婚姻。

婚姻出问题的原因是多种多样的，包括人格因素、认知模式、原生家庭等方面。在出现问题时，如果我们能具备发展性思维，不断地提高自己、修炼自己、完善自己，就会让这段关系变得轻松许多、长久许多。

今天我值班，接到了一通与婚姻咨询有关的电话。

"你好，这里是杭州市心理援助热线。"我接起电话。

“你好，我前夫出轨，我这两年都在忙着打离婚官司。因为工作和孩子学业上的压力，使我今天感觉特别绝望，又出现很极端的偏见了。我需要一些正向的引导，我怕我的这些情绪会影响孩子……其实，就在一个多小时前，我感觉我影响到孩子了。”来电者自称程玲，她快速地讲述了自己的近况，还提出了确切的求助需求。从她清晰的逻辑、连贯的表达中，我可以感受到她是一名热线“老手”。

经常有这样的来电者，他们之前拨打过心理热线，对心理热线的功能已经有了基本认识，而且平时也接触过一些心理学知识，对自身状态有较好的自知力，且来电需求明确。这样的来电者往往只需要助人者在最关键的时刻帮他摇旗呐喊，踢进关键一球，“问题”就能迎刃而解了。

程玲提到了孩子，我决定先从了解孩子的基本情况入手，我问道：“你孩子现在读几年级了？”

“小学二年级。”

“你提到孩子学业压力，是指哪些方面呢？”我引导她把问题具体化。

“上个月我带他去医院检查，医生说他有多动倾向，自控能力有点欠缺。可能在他小时候，我们整个家庭结构没有给予他足够的大脑和环境的刺激，导致他部分发育迟缓。不过，我是可以接受孩子的问题的。”

“孩子具体有哪些表现呢？”我引导她进一步澄清。

“他不做作业，却骗我说做完了。有时我提醒他很多遍，但他还是不做。比如，我跟他说‘宝贝，你今天或明天需要把作业做完’，他说‘好的’，却在第二天说他把作业本落在学校了。今天我陪孩子去了一趟学校，才发现他不止一本作业没做完，而且这种情况已经不止一两次了！我当时就想，从周一到周五，我每天都提醒他，他每次都跟我说做完了，我也相信他了，可是结果他什么都没有做，我真的特别绝望！我脑子里全都是我前夫对我说过的话——‘你连个孩子都教不好，只会让他去蹲大牢’。为什么别的妈妈都能把孩子管好，只有我管不好啊……”程玲越讲越激动，情绪像被点了一把火，迅速烧了起来。在她内心翻腾的愤怒情绪之下，还透着无助和绝望。儿子屡次不按时完成作业并撒谎，让她感到非常沮丧和愤怒。

理性情绪行为疗法（rational emotive behavior therapy，REBT）认为，激发事件（activating event，A）只是引发情绪和行为后果（consequence，C）的间接原因，其直接原因则是个体对激发事件A的认知和评价而产生的信念（belief，B）。也就是说，人的消极情绪和行为障碍结果（C），不是由于某一激发事件（A）直接引发的，而是由于经历这一事件的个体对其不正确的认知和评价所产生的错误信念（B）引起的。程玲的愤怒背景发生在母子单独相处的情况下，家里没有其他人帮助她，她还要应付工作。事件（A）是儿子未按时完成作业，并谎称作业已完成。认知（B）是程玲觉得自己无能、不会带孩子，而这些信念的来源又与其前夫有关。结果（C）是，程玲觉得自己没有能力，非常沮丧、绝望。接下来，我想就这个认知过程和她展开讨论。

我问道："你觉得其他妈妈都能管好孩子吗？"

对方一愣，随即苦笑了一下，说道："其实我也知道，这是我情绪之下的反应。因为从孩子一年级开始，他爸爸就开始歧视我，不停地上法院，用各种事情来否定我……我的个人价值感非常低。"可见，程玲意识到了这是她情绪之下的产物，而不是客观事实。她还就该认知的来源进行了推测，指出了自己的问题所在——自我价值感很低。

"这样的低价值感似乎主要是你前夫带给你的，已经影响到了你现在的工作和生活。你们现在是否已离婚了呢？"我继续澄清背景信息。

"还没有，一审下来后他不服，又上诉到中院。上个月开庭的时候，他和他父母对我进行人身攻击，被法官当庭阻止。在回家的路上，我在车上睡着了，还做了个梦，梦见我从一个老宅子里逃出来……好像在我的潜意识里，我已经得到解放了，尽管和他的关系没有结束，但是我一直认为，我最难熬的时期已经过去了，一切都要结束了，都会好起来的。"

听完程玲的描述，我意识到她的梦境反映了她的现状，似乎一切都在往好的方向发展了。没想到，她的情绪此时又变得激烈起来，她说："在这一个月里，我的情绪虽然有波动，但没有那么大，好像没有遇到一个触发点。今天孩子作业的事情，似乎把我心中的某个点引爆了。当时我满脑子都在回荡我前夫说我没用，还有他指责我的那些点点滴滴……在我开车带孩子回家的路上，我心里一直很乱，直到平安到家后才给你们打了这个电话。我现在非常需要你们的帮助。”

程玲的遭遇令人心疼：因前夫出轨两人离婚，和她争夺财产及子女抚养权，并在法庭上对她进行人身攻击，这些都是重大生活事件，给她造成了强烈的情绪痛苦。即便如此，程玲还能控制自己的情绪，对自己的心理状态有很好的觉察力，这一点难能可贵。她没有逃避自己的负面情绪，优先保证生命安全，还懂得借助社会资源来寻求积极帮助，这些都值得肯定。

我回应道：“听了你的描述，我为你经历的事情感到难过，但也很敬佩你的坚韧和勇敢。你经历了这么重大的事情，情绪状态出现波动是很正常的，但你仍然能不停地给自己打气，勇敢地面对生活，可以看出，你是一位非常坚强的女性。”

“谢谢你的鼓励，现在面对压力时，我能处理得比之前更好了。我在去年年底换了一份工作，不仅是因为我和孩子的生活要继续，更是不想在打官司期间让前夫有机可乘，和我争夺孩子的抚养权。新工作经常需要自己垫付报销，无形之中给我带来了不小的经济压力，我明显感觉到自己变得更焦虑了。在和前夫‘斗争’的这两年中，我不断地调整自己的情绪，尽量保持乐观，并找多种途径去学习、去提高自己、去做一些积极的事情，比如，与年轻人接触，不断地进步。可是，今天在那一瞬间的爆发……”她停顿了一下，语速比之前快了很多，急促地说道，“其实我并不担心孩子，而是更担心自己。在我给你打电话之前的那一个多小时，我的脑子是炸的，里面塞满了各种情绪，完全丧失了理智，我甚至想到了和前夫刚爆发‘斗争’时那种被背叛的感觉！他是一名销售，经常在外面跑，我和他之间的感情慢慢淡漠了。后来他出轨了……我的婚姻就是一出背叛的悲剧啊！我还想到了我儿子不写作业，他才上小学二年级，就开始骗我不好好写作业……我当时满脑子都在回荡一句话——‘为什么你们所有人都要骗我，前夫骗我，儿子这么小也骗我’！”

“你似乎把前夫的欺骗和儿子的欺骗等同起来了，你觉得他们的欺骗有什么不一样吗？”我有意提示她思考两者之间的不同，以免她给它们画上等号。

“嗯……的确不一样……其实后来我和儿子聊过，他说他比较害怕去面对。我试着从他的角度去理解不做作业这件事，想起了我在上小学时的一些经历，如果我处在这样的情境下，可能也会害怕面对这样的错误。”

听了程玲对自己认知的反思，我立刻接着她的话头鼓励她继续说下去：“是的，孩子也需要家长的共情。他们的行为往往是对内心想法的表达，比如，对害怕的防御。”

她立刻表示认同，说道：“是的，在我发现这一点后，我觉得我更能理解我儿子的一些内心感受了。所以，我也尝试着从每天命令式的要求转变成一个星期只提醒他一两次，‘你做得怎么样了’‘要是没做好，就记得做好哦’‘如果你说做完了，妈妈就相信你’。”

“你已经在慢慢地改变了，你在试着从儿子的角度去理解他。我相信孩子是能感受到你的变化的。”我肯定了她的做法，深知她的每一次小尝试都需要付出很大的心力，这样才能和长年累月的信念、习惯做斗争。

“我能感觉到，他现在的害怕或者说是抗拒比之前要少一些了。现在我最担心的问题是，以后再遇到这样的情况，家里只有我和孩子，我还能用什么方式去回避、去平复……”程玲陷入了短暂的沉默。

“你是担心自己不能很好地管理负面情绪吗？”

“对，因为我必须去面对他。当他出现这些问题的时候，我会对他说‘妈妈来帮你，和你一起去面对’。我儿子的动作很慢，在他四五岁之前，基本上都是老人帮忙带的，所以他在吃饭和穿衣这些基本的生活技能上明显落后于同龄的孩子。但是这两年，我能感觉到孩子发生了很大变化，在他情绪状态好的时候，他做日常基础动作和其他孩子差不多，我也一直在鼓励他。可是，当今天这些不好的东西一下子全都放在我面前的时候，我脑子里一下子就炸了……”程玲一口气宣泄了出来，在讲述的过程中，她又经历了一遍自己的人生历程，这有助于她理清当下的思绪。

我意识到，程玲对自己的焦虑状态有觉察，但并不清楚自己为什么会焦虑，于是，我打算通过挖掘一些她过往的成功经历来给她赋能。我问道："你儿子这两年来已经有了很大的进步，这值得欣慰。生活中难免会有一些不如意，此时你可能会比较难以控制情绪。你之前遇到这种情况的时候是如何应对的？"

程玲回应道："我之前的工作特别忙，所以我在白天工作时能保持专注，下班回家后也能专注地陪孩子。现在这份工作比较闲，脑子里经常会有一些不好的情绪，也很容易胡思乱想。"

"也就是说，在你专注的时候能更好地管理情绪。"

"是的，而且我好像还容易迁怒。上个月，我有一个之前关系不错的男同学二婚——他把原配甩了，然后和情人结婚了。在我知道此事后，就打心里讨厌他，再没有把他当成朋友。他邀请我去参加他的婚礼，我以工作忙为由推辞掉了。只要听说哪个男人出轨了，我就特别排斥他，也不想去理解他为何会这么做。在跟你交流的过程中我才意识到，今天我对孩子说的一些话，其实是我将对我前夫的一部分情绪迁怒到了孩子身上。"

听到她坦诚的觉察和反省，我回应道："在你有想法和情绪的时候，会试着和孩子沟通。现在你也意识到了，你对前夫和孩子的情绪是不一样的，背后的心理需求也不一样。"通过沟通，我推测程玲之前对情绪的关注比较少，主要是采取转移注意力的方式缓解情绪。现在的工作没那么忙，于是她想得也比较多，可见之前没有消化的情绪又找上门来了。当一个人情绪状态不好的时候，很容易产生一些非理性判断，比如，程玲会将情绪不由自主地投射到儿子和朋友身上。要想减少负面情绪的影响，就要先看看这些负面情绪背后的内容。

"因为你们很专业嘛，所以我想知道像我这种状况，目前是属于焦虑情绪，还是可以说得了焦虑症、抑郁症？"

看来，程玲想寻求一个医学判断，但是接线员并没有诊断权，只能就已有信息做一些评估反馈，于是我说道："根据你目前所提供的信息，我推测你以焦虑状态为主，如果你感觉这种状态影响了你的睡眠、饮食和社会功能，就需要进行详细评估了。由于目前我所了解的信息有限，主要还是围绕事件与你进行讨论分析，因此要想知道你是否有焦虑症和抑郁症，就需要进一步的医学评估，具体诊断需以精神科医生的诊断为准。你之前是否去过医院就诊？”

“从怀疑前夫出轨的时候起，我有许多情绪压抑在心里。那段时间，在他开车时我和他吵架，我甚至会打开副驾驶的门……还有几次我站在阳台上，很想往下跳。后来发现他真的出轨了，我开始重度贫血、焦虑、失眠。之后，我在精神专科医院看了一年多。现在，我很担心又会回到那时候的状态，并把我周围的人都牵扯进来……”

“强烈情绪的发生往往伴随着重大事件，并会随着事件的平息而慢慢得到缓解。如果某种情绪一直存在，就可能说明你内心深处这道坎还没有过去。找到有效表达情绪的途径，能有益于你的身体和情绪改善。因此，你无须太过在意，人人都有焦虑的情绪，重点是如何正确对待它，让它有正常的宣泄途径，而不要去屏蔽它、否定它、排斥它。”在心理热线中，引导来电者直面情绪、让情绪得以表达，并深入觉察情绪背后的原因，对其自我成长非常重要。不过，由于心理热线具有时间短等特点，因此很难一次性地将这些知识介绍清楚，有待来电者后续自我练习体会。

“我感觉家里成员太少了，交流也少，而且工作内容还很少，所以我的大脑被情绪占领了，于是会下意识地害怕，担心这会给自己和孩子带来不好的影响。那一刻……唉，我也不想再强调了……总之，我真是觉得太有挫败感了，我做什么都做不好了……”

我能感受到程玲当时的心焦与无助，于是以缓慢的语速对她说：“我能理解，你越担心，那种情绪就越强烈。”

“我前夫在离婚这件事上确实做得不好，我怕万一孩子的抚养权归他，就会变得和他一样。”

“你能挺过来的，孩子也可以的。这两年你已经取得了很大的进步，只要继续努力下去就一定能取得更大的进步。因此，你要对自己有信心，也要对孩子有信心。从我们今天的交流来看，我觉得你很好学，能不断地从周围汲取能量，所以我相信你一定能够渡过这些难关的。”我继续给程玲赋能，让她相信自身的资源。

“谢谢你！听你这么说，我开始觉得心里有底气了。”程玲的语气轻快了不少，“说实话，我今天非常需要一个具有专业知识的人和我聊聊。因为如果我和朋友聊，朋友可能只会安慰我或是和我一起骂前夫，除了宣泄情绪外，并不会对我有多大的帮助。所以，我想我还是更需要一个专业人士的肯定吧。”

我也真诚地回应她：“我希望今天的交流能给你带来一些帮助。”

程玲的声音中透着能量恢复后的自信，她说道：“肯定会有的。我在第一时间就想到心理热线了，因为我知道你们能给我带来很大帮助。其实，如果只是出现普通的情绪波动，那么我一定不会来占用公共资源的。今天，确实我冒出了一些非常极端的想法，我迫切需要用正确的方式消化这些情绪……嗯，很抱歉，浪费了你这么多时间。”

听到程玲的转变，我颇感欣慰，说道：“没事儿，以后再遇到这种情况，你可以再给我们打电话。我也希望通过我们共同的努力，能让你尽快走出目前的困境。”

“嗯，我相信我可以尽快走出来，我也相信今后的生活会越来越好。我之前就跟我儿子说过，‘咱们再难也难不过三年’。我给自己的底线是，过了今年，让一切都变得好起来。我还打算打完官司后就带儿子回老家，这样也能与家人的联结更紧密，让我的能量更充足，还能让我有更多的时间和精力帮助儿子渡过他的难关。”

“是的，其实你最困难的时期已经过去了。”我非常认同她说的话。

“对，我不想让自己在坚持的路上失败，我相信一切都会变好的。谢谢你！”程玲和我告别。

“好的，再见！”我与她的这段陪伴也落下了帷幕。

接线员手记

结束和程玲的通话后，我觉得自己像是陪伴她走了一段人生旅程。在我们的交流中，我更多的是从她的各种情绪着手，引导她探索自己的认知部分，去觉察哪些是不合理的信念和想法，从而尽量客观地看待问题。这通热线有点像电影的慢回放，在程玲每一帧的回忆中，我们一起从情绪的表面抽丝剥茧，识别出她在事件和行为背后的惯性认知。在走到这一步后，来电者往往会有一种豁然开朗的感觉。由于采用了一种全新的视角看待问题，来电者的心理能量得到了滋养，解决问题的能力得到了提升，因此曾经的情绪困扰便不再是难以跨越的高山。接下来，来电者可以继续通过整合，在日常生活中找到合适的资源，通过实践不断巩固、强化新的认知逻辑和行为。

人们在生活中会出现各种各样的情绪，学会辩证地看待事物、识别情绪中的非理性因素是非常重要的。“做自己情绪的主人”是每个人一生的课题。心理援助热线就像是人们在人生旅途中可以停留片刻的港口。每一名心理援助热线接线员都很愿意陪伴来电者觉察此时此刻，让心灵停泊一会儿，找到继续前行的方向。

我心里只有你。
为什么被骗的总是我？
1
2
实验小学
作业写完了吗？
嗯！
为什么你和你爸都要骗我？
3
4
你好，我今天非常需要一个具有专业知识的人和我聊聊。

第8章

我不想离婚

经常有人问我，什么样的人会拨打心理援助热线？自从我们医院在1995年开通心理援助热线以来，每年都会接到近万次的电话咨询，其中关于精神心理疾病的来电最多（占50%左右）；其次是与婚姻家庭和恋爱相关的来电（占20%左右）；接下来是与其他人际关系、工作学习等相关的来电。可见，在排除已经有疾病诊断的来电外，大部分来电均与人际关系有关，其中亲子关系、亲密关系占比最大。人们在什么情况下会打心理热线呢？如果非要给一个标准不可，那么最简单的标准就是来电者主观上感觉到痛苦，希望寻求帮助。这与躯体疾病造成的痛苦一样，只不过心理痛苦暂时找不到客观生物指标。

心理热线的夜班只有一个人，房间里格外安静，电话铃声就像那急促的敲门声，不知道下一个推门进来的会是一个什么样的人。

“你好，这里是杭州市心理援助热线，有什么可以帮到你的？”我调动自己的热情接起电话，希望给对方的第一印象是温暖的。

“我遇到了心理问题，我不太想活了。”来电者一上来就明确告诉我他不想活了。

由于不知道他的生活史和疾病史，因此我还不能判断情况的严重性，但他至少给了我一个心理痛苦的信号，我需要对此进一步明确，即把他的表述聚焦到具体事件上。我问道："你愿意和我说说是什么事让你产生了这样的想法吗？"

"我妻子要跟我离婚，我不想离婚，可我怎么求她都不行。"虽然隔着电话，但我能明显听出他的声音中满是无助和绝望。

"离婚对于每一个人来说都是十分痛苦的。"我试着对他的问题进行正常化处理。

心理咨询的过程如同抽丝剥茧，在接心理热线时看不到对方，只能听到其声音，因此难度更大。离婚无疑是一个重大生活事件，只有梳理了来电者的心路历程，找到应对模式，才能更好地理解他们的问题。

如果说离婚是婚姻生病了，那么一定是慢性病，有些病因在结婚之前就存在了，有些病因则是在结婚后慢慢形成的。我继续追问："你们结婚多久了？是怎么走到离婚这一步的？"

"三年。其实都是生活中的小事，我很爱她的。"

我听得出他有意隐瞒了一些信息，便问道："你可以举例说说是什么样的事吗？"

"就是我平时跟她说话时总让她很生气，次数多了她就对我很失望了。"

我能感觉他对心理热线缺乏信任，不愿意细说。我问道："现在情况到了哪一步？"

"我们其实没什么太大的矛盾，一开始是在气头上提的离婚，最近这四个月，我总是做一些让她很反感的事，她就更生气了。"

"你做了什么事呢？"我还是希望细节能更具体一些。

"我天天去找她，我越找她她就越烦。"

基于他只强调自己每天去找他妻子，所以我继续寻找他的应对方式，我问道："这四个月来，你除了天天去找她，还做了什么事呢？"

"我……我强撑着，每天都想去死。但只要还没有离婚，我就抱有一丝希望。"他语气中带有一丝哽咽。

在心理援助热线服务规范中，当来电者提到自杀时，无论真假，接线员都必须从情绪体验、自杀意念、自杀计划和自杀行为等方面评估其自杀风险，确认其自杀动机和严重程度。听到他再次提到“想死”，我连忙问道：“你刚才提到想死，是否付诸过行动？”

“我曾想用枕头闷死自己，可是只闷了不到一分钟就感觉太痛苦了，于是放弃了。”

“你家里的其他人知道你有这种不想活的想法吗？”

“不知道，我没那个勇气。”

从目前的评估来看，来电者在短期内以自杀意念为主，存在自杀风险，但还不足以启动高危来电干预机制。

“我不清楚你们的婚姻是如何走到这一步的，但听得出来，这件事对你的打击非常大。你能简单介绍一下你们的婚姻状况吗？你们有孩子吗？”

“我们还没有孩子。”他回答道。

心理咨询的过程与躯体疾病问诊的流程存在区别。在躯体疾病问诊的流程中，医生往往会主导对话，寻找核心症状，这样可以节约时间，但患者的倾诉需求得不到充分满足。精神科的问诊模式与躯体疾病问诊的流程类似，但在心理咨询过程中，我们更加看重求助者的需求，因此通常会先顺着求助者的情绪需求进行，通过心理咨询技术，在满足来访者倾诉的同时，引导他们梳理问题。因此，心理咨询也不可能一直处在被动倾听状态，很多求助者意识不到症结所在，只是抱怨，或者希望直接给他建议。

通过沟通，我得知他 30 岁出头，普通上班族，因为妻子身体不好，两个人还没要孩子。这已经不是他们第一次闹离婚了，之前也提过好几次。根据来电者陈述，他很爱妻子，是妻子嫌弃他，觉得他不够好。因为我无法从他妻子那里求证，所以只能依赖来电者的角度去理解此事。可见，心理问诊得到的信息往往带有求助者的主观性，这种主观性往往夹带着求助者的认知模式。

“你说你妻子不想跟你过了，你反思过是什么原因吗？”我问道。

“也没什么大事，可能是她觉得我太软弱了吧。”不知道是他不愿意说，还是尚未意识到核心原因。

“还有别的什么吗？” 我启发他继续反思。

“以前的我刚强一点，不像现在这么软弱。还有，她觉得我说话不算数。”他补充道。

“你试过去调整和改变吗？” 我问。

“我不知道，我觉得她已经不爱我了。”他说。

“你为婚姻做了哪些努力呢？” 我换个角度继续问。

“为了这个家，我什么都可以做到。”他斩钉截铁地回答道。

与他对话，我感觉像是拳头打在棉花上，得不到有效的信息。**心理咨询中有一个词叫“活现”（enactment）[①]，是指来访者在心理咨询室中的状态会体现出他在真实生活中的状态。**从他的表述中，我可以感觉到他在日常生活中的状态，即经常给不了对方想要的答案，说话时又说不到要点上。

“你打算用什么方法挽救这段婚姻呢？” 我继续发问。

“我跪下来求她，但是她坚决要离婚。我想把房子卖了，成全她，给她一笔钱，只要她过得好，我就……唉，无论我对她做什么，她都感觉不到，唉……”他回答道，我没想到他会用这种方式挽救婚姻。

“你觉得这种方式有效吗？” 我说。

“我就是想让她知道，我有多爱她。”他说。

来电者对爱的理解是“我离不开你就代表我爱你，为了让你不离开我，我可以做任何承诺，甚至下跪讨好”。听到他这样的表述，我心里默默为他感到悲哀，又觉得他可怜。人们很容易认为，只要放低自己、讨好别人，就可以获得自己想要的，但这种人际沟通模式往往是饮鸩止渴，会把自己逼上绝路，也会让对方在内心不认可你。

事已至此，虽然我不认为他能成功地挽救婚姻，但此刻我需要放下自己的判

① 又被译为“行动化”。

断，保持中立。我问道："你已经尝试过用一些办法求她了，但是没有效果，还有其他办法吗？"

"我父母还去找过她一次，也没用。他们一把年纪了，不可能再为了我的这件事去求她了。"他回答。

"还有什么人可以帮你吗？"我继续寻找资源。

"你能不能给她打个电话？"我没想到，他居然请求我给他妻子打电话。

"我们没办法打这个电话，除非你妻子打电话过来。"我解释道。在接听心理热线的工作中，我们会遇到这样的情况，即来电者认为心理咨询从业者可能更有说服力，便希望找一个帮手去做说服工作。不过，这并不是心理热线的工作范畴。除非是高危来电，我们才会主动去联系来电者的家属。

"如果说你今天给我们打这个电话是希望得到一些帮助，那么具体是你希望在哪个方面获得帮助呢？"评估完来电者的来电问题，我开始明确今天的咨询目标。他刚才提到的那个目标，我无法做到。

"我现在就是很痛苦，感觉生不如死。"他又开始诉说自己的痛苦。看来，他可能就是因为没有倾诉对象才给我们打电话的。

"那你希望我做些什么来帮你缓解痛苦呢？"我继续探寻此次通话的目标。

他打了一个哈欠，说道："你帮我想想办法，怎么能让我妻子不和我离婚。"

很多来电者打电话过来都是希望能解决现实问题，但心理援助热线可能无法实现他们的愿望，只能通过解决他们的心理问题，间接地帮助他们解决现实问题。**现实问题不是痛苦的根源，心理的固着才是。**

"如果你离婚了，你觉得这对你来说意味着什么呢？"我引导他把事情往最坏的可能推测。

"如果离婚了，我以后就再也找不到一个这么好的女人了。"他停了一会儿，补充道，"我妻子是一个好人，我不想离开她。"

"听起来是你需要她，而不是她需要你，"我引导他反思他们的关系，听他没有回应，我继续说，"我们无法强迫别人改变想法和行为。"

“我会继续天天去找她的。”

看来他真的非常执着，于是我希望能引导他转换认知角度，我问道：“请你换位思考一下，假设你成了你妻子，你丈夫天天过来找你，你会怎么想呢？”

“我会很烦他。”他不假思索地说。

“我想你也意识到了，你多次求她是无效的行为。也许你可以试试更有效的方法。”我建议他调整应对策略。

“我实在想不到其他办法了。”他无奈地回答。

问题似乎胶着在这个地方了，来电者在短时间内不愿意接受婚姻破裂的现实，又想不出有效的挽救办法，这与他平时面对困难的应对方式很可能是一致的，这也可能是他的妻子对他心存不满的一个点。目前的现实问题难以解决，只能从他应对方式着手了。我问道：“你以前是否有过因其他事情而出现较长时间的情绪低落？”

“我患有抑郁症。”

“去医院看过吗？在吃药吗？”

“看过，我一直在吃中药。”

“治疗效果怎么样？”

“断断续续地，时好时坏。”

这么看来，他缺乏应对挫折的技能，并形成了否定自我、讨好他人的应对模式，情绪非常不稳定，容易出现极端想法。他就像一个三岁的小男孩，胆小又无能，只有依靠他人才能生存，否则只能毁灭。我想，这也是他无法经营好一段婚姻的根本原因。每个人心里都有一张导航地图，虽然人们可能意识不到它的存在，但它时时刻刻都在左右着人们的想法和行动，哪怕是走上了一条错误的道路。心理咨询的作用就是帮助求助者发现这张心理地图，并尝试搭建一条新的路线。

我说：“我知道你现在很痛苦，想要挽救婚姻，但是你也发现了，通过跪地求人的方式并不会打动你妻子。或许你可以试着先改变自己，让自己变得更健康、更优秀。”

“我不知道该怎么做。”

“要想改变自己，确实不容易。你可以先从不伤害自己开始。”我深知要想改变固有的习惯很难，所以希望能够确保他珍爱生命。

“可以，但是这并不能让她回心转意啊！”他仍然想着不能让妻子离开。

“但我们只能控制自己能做的事情。”

他没有直接回应，我仿佛能感受到他的失望——打这个电话来，不仅没有帮助他挽救这段婚姻，还让他改变自己。

沉默了几秒钟后，我说道：“你只有先改变自己，你妻子才有可能回来。”

“好的，我试试看。”他回答道。

看到通话时间差不多了，我总结道：“这次通话可能并不能帮你挽救这段婚姻，因为这超出了我的能力范围。不过，我从与你的谈话中可以感觉到你离不开她，非常希望她回到你身边。要知道，任何人都是无法左右别人的，所以你只能做好自己，让自己成为妻子需要的人。”

他继续沉默，可能也有思考。

我又说道：“因为心理热线有时间限制，所以今天的通话就要结束了，你看可以吗？”

“好的，谢谢你。”他略带失落地说。

接线员手记

人生有三次成长：第一次是从婴幼儿走向成年，生理、心理趋向成熟；第二次是婚姻，是对第一次成长的修补；第三次是养育孩子，是针对前两次成长的结业考试。

这位来电者在婚姻中遇到了经营困难，很可能是在其第一次成长中出现了问题，并将问题带到了婚姻中。在婚姻中，夫妻双方是互相需要的。一般来说，男性属阳，承担更多家庭资源获取责任；女性属阴，承担更多家庭生活责任。男性通常是被依靠的一方，但在这段婚姻中，女性变成了被依靠的一方。在刚开始接到这通电话时，我感受到来电者在婚姻中丢掉了自尊，而且认识不到自己的问题所在。然而，他或许已经尽最大努力了，甚至愿意下跪，但他依然不知道还有什么其他的解决方式。

作为心理援助热线接线员，我与他可能只有这一次通话，没有收费，也没有下次预约。尽管我鼓励他，希望他能有所改变，但并不知道他在结束通话后会有多少变化。

心理咨询师就像一根拐杖，无法直接进入求助者的心理地图帮他做修改，但可以通过提问、反思为求助者提供一把钥匙，让他重新去认识自己、认识现实。

我们不可能回去了。
求求你不要离开我。
离婚协议
可不可以再给我儿子一次机会？
是啊！
爸妈，我们已经不可能在一起了。
你们能不能给我妻子打电话，劝她不要和我离婚？

第9章
我丈夫出轨了

“再见容易，再见很难。”

我最近正在看情感综艺《再见爱人》第三季，这句话是整个节目的标志性口号之一，让人印象深刻。综艺的名字也有两层意思——“再见，爱人”或“再，见爱人”。在节目中，已经离婚或准备离婚的三对嘉宾通过节目组安排的18天特殊房车旅行，在风景优美的西北地区，通过再一次体验亲密关系以及亲密关系中的自我认知，重新思考是重归于好还是分开。整个过程有一个包含主持人、演员、学者、心理咨询师等角色的观察室成员团，从不同角度反馈交流观后感和思考。

我对“再见很难”的理解除了再次见面机会少以外，还有在产生了离别之心后，人们再次去了解对方和自己、尽可能深入地看待彼此的关系，并不是一件容易的事。

在心理热线工作中，我也常常会接到关于婚恋情感问题的电话。

“你好，这里是杭州市心理援助热线，有什么需要帮助的吗？”

“你好，我丈夫出轨了，我最近一直很犹豫要不要和他离婚。毕竟这不是什么好事情，所以我不太知道可以和谁说。”对方是一位女士，她的语气很平静。

“嗯，你可以在这里诉说。”我主动为她提供一个倾诉的渠道。

“我现在不确定自己能不能一个人把儿子带好。他很调皮，上小学五年级，就快上初中了，这个阶段正是孩子身心发育的关键时期。”

“嗯。”我鼓励她继续说下去。

“我和我丈夫结婚后一直比较独立，没有什么经济问题。就算我得知他出轨了，我们也没有大吵大闹，而是处理得比较低调，希望能好聚好散。现在让我心里感到纠结的有两方面：一是如果离婚了，我不确定自己一个人带孩子能不能对孩子负责任，也不确定这对孩子将来会不会有影响；二是如果不离婚，那么我丈夫出轨这件事总让我心里有一个结，我也不知道这个结以后能不能解开，以及未来的生活是否能舒心。”对方思维清晰，简明直接地向我表达了她的咨询诉求。

我能理解她的两难，问道：“不管是谁遇到这种问题都会感到很难。离婚或不离婚对你来说都很痛苦，一个人带孩子也不容易，勉强一起生活又像有一根刺扎在那里。我们可以先来一起分析一下让你感到纠结的第一点——关于孩子。孩子平时跟谁交往得多？谁管得多？”

“这些年来，因为我丈夫工作的原因，我们一直两地分居，间隔一小时车程。他每周末回家一次。他在家庭生活和家务方面承担得比较少，也很少有时间陪伴孩子。他一个人在那边觉得寂寞，所以我们俩的心理距离也变得越来越疏远。我觉得我们的婚姻出了问题，很可能是因为两地分居引起的。”

“你跟孩子提过你们打算离婚的想法吗？”我问。

“提过，孩子比较晚熟，我们母子间交流没问题。我问他，‘我现在和爸爸在一起过得不快乐，如果我们分开了，你会习惯吗？’孩子就问了一句，‘你们离婚以后，我是不是就看不到爸爸了？’我说，‘不会的，还是和以前一样，你每到周末都可以看到爸爸。’孩子听了这话后就很放心了，他说，‘没关系的妈妈，只要你快乐，怎么样都没关系。’”

听到她用了孩子听得懂的语言和孩子沟通，而且没有提起丈夫出轨，保护了爸爸在孩子心里的形象，我真为她感到高兴。我回应道：“听起来你的孩子很贴心，也很懂事。”

“我是去年这么问他的，但是我想要是真离婚了，他爸爸回来看孩子的感觉跟没离的时候肯定是不一样的。现在我都无法想象离婚后的生活会怎样。我和他爸爸同岁，今年都是 42 周岁。如果我们离婚了，他会很快再婚，然后再生一个自己的孩子；可我呢，我一个人带着孩子，不知道生活会变成什么样。孩子还是太天真了，唉！”她顿了顿，然后有些激动地继续说，“他爸爸本来就对家庭、孩子没什么责任感。如果孩子每周末和他爸爸见一面，要是他爸爸再成家生子肯定就更没时间了，可能几周才见一两个小时，这对男孩的心理成长肯定是不利的！”

“你担心离婚后爸爸陪伴孩子的时间更少了。虽然爸爸对男孩的心理成长比较重要，但这并不是绝对的。除了爸爸外，孩子还与哪位男性长辈交往比较多？”我想帮她缓解担忧。

她不假思索地说：“没有这样的人！”

我简单地总结道：“嗯，孩子的成长是你考虑是否离婚的重要因素，看得出来你非常爱孩子，所以你希望在不伤害孩子的前提下离婚，是这样吗？”

“是这样的。”

此时对话陷入了短暂的沉默。她有这样的想法很正常，心理咨询师在遇到这种情况时，无须急于改变对方的认知，更重要的是共情对方，与其建立联结。片刻之后，我说道：“刚才我们聊了孩子，接下来我希望和你聊聊你和你丈夫的关系。在你发现他出轨后，你是如何处理的？你丈夫会有什么反应？”

“我问他为什么这么做。他说主要原因是我和他的性生活不协调，让他不满意；还有一个原因是他的压力很大。其实那个女人和他并没有什么共同爱好，只是顺着他、图他钱！他从我这里得不到的部分，可以从她那里得到弥补。他觉得和那个女人在一起很简单，不用考虑将来，也不用考虑对方的想法，怎么高兴怎么来，可以随心所欲。”她的语气突然加重了，并带着气愤说道，“我真的没想到我们的关系竟然到了这个地步！他对我有不满，为什么不事先跟我沟通？为什么不能用别的方法来处理？他也觉得他这件事做得不对，让他跌到了人生低谷。他觉得只要不离婚，怎么样都行，他还说就算和我离婚了，他也绝对不会再婚。”

“听起来你丈夫为了这件事感到很后悔，不想和你分开。”我回应道。

“嗯，可是我更倾向于离婚。现在之所以还没离，是因为我们有财产瓜葛。我一直催他离婚，他则一直拖着我，可能是希望拖到我心里的结消失了，就会跟他好好过日子。他也没有哄我，他对这件事的态度就是让我自行消化。”

“似乎离婚是你表达愤怒的一种方式。你丈夫做些什么能让你心里好受点呢？”

“他什么都不会做，只会冷处理。”她抱怨道。

“你们平时的沟通怎么样？”我问道。

“我俩三观不合，没法交流，在一起时经常谁都不理谁。他也不是只因为性方面的问题才出轨，我们婚姻存在的问题其实并不复杂，更主要的原因是我不太喜欢他，他也不会刻意迎合我。其实我在很早之前就想离婚了，如果我们出现矛盾，我就会采取冷战，而不是和他发生正面冲突。唉，他娶了我这样的女人，其实他也挺痛苦的。”

我回应道：“哦，看来你们的关系出现问题不仅是因为他出轨，在这之前就存在问题了。你是什么时候发现自己不太喜欢他的？”

“我和他无法交流，他太粗线条了。如果女人要的体贴是用 10 句话去哄，那么他连 1 句都不愿意说！我也知道，他以前是爱我的，现在爱不爱我就不知道了。他很少在我面前表达自己的感受，对孩子也一样。我对孩子很细心，他可不是。孩子和他也不亲近，但心里是爱爸爸的。其实，不仅我丈夫这样，他们全家人都是这样的，我觉得他们就是爱无能！假设他心里有 10 分爱，那么他能用行动表达出来的连 1 分都没有。他越这样，我越反感。我就是丧偶式育儿！”她像倒豆子一样把多年积累的不满都一股脑地发泄了出来。

“我能感受到你对他的不满，你们除了沟通方面有问题，还在其他方面有问题吗？”

她继续数落丈夫的不是：“我对他不信任！对他处理问题的能力也不信任！现在事已至此，他还不会表达自己的感情、感受，也没有用行动表现出对我、对孩子的关心。哼，他只配去找那种层次的女人去发泄欲望，我从心底鄙视他！除了不信任他，我还没有安全感！这样的男人能保护我吗？而且，在我发现他出轨后，他们并没有立刻断了联系，还时不时地打电话。我质问他为什么他们还有联系，他却推说是我发现他出轨后一心想离婚，让他感到压力很大，就去联系那个女人了。你说这算什么事，压力大就继续出轨？”

从她的表述中，我听得出他们的婚姻早已存在问题，这次出轨只不过是压死骆驼的最后一根稻草，把矛盾彻底激化了。我试着引导她思考维系他们婚姻的动力：“尽管你早已对丈夫有诸多不满，但你之前并没有选择离婚，是什么让你决定维系这段婚姻？”

“以前之所以没离婚，是因为不放心他，怕他离婚后一蹶不振。现在仔细想想，撇开感情不说，我觉得他很适合这种只谈恋爱不结婚的生活。刚结婚后的前三年，那时候我还没生孩子，我俩过得很好。有了孩子之后，我把精力更多地放在了孩子身上，很少关注他了。现在想想，我们的关系出现问题，有一部分原因是孩子。就连孩子亲爸都受不了被抢了关注，要是后爸估计就更受不了，所以我觉得我以后很可能不会再婚了。”

听到她进行了深入思考，我便朝着解决问题的方向问道：“你们在有孩子之前的关系还是不错的，有了孩子之后关系才变得没那么和谐了。在你发现不对的时候，你们是否为了改善关系而付出了什么努力？”

她想了想，说道：“我曾想过调到他那儿，和他一起生活。之前有这个想法的时候，没有机会；现在可以调了，他又出这种事，我不想调过去了！而且，就算调到一起，又会怎样呢？他的能力那么差，到头来还得我管孩子，而且家里的大小事情都落在我一个人身上，我负担太重了！我太累了！我现在住的地方离我父母家近，他们还可以给我搭把手。要是我调到他那边，离双方父母都远。他的父母不会帮忙，他们一家人都只会索取、不会付出，连他的亲妹妹都跟他父母的关系不好。”

听到她又抱怨起来，我决定将她引导到正向的方面上，问道：“你丈夫为此做过什么努力吗？”

她的语气稍稍平静了一些，说道："他现在天天都回家，好像和那个女人的关系也疏远了。起初他还觉得那个女人温柔、愿意陪他聊天，觉得他在我这里受到冷落，可以在她那里得到弥补。其实那个女人就是把他当成了客户，当然捧着他、顺着他。现在估计他也对那个女人感到厌恶了，他们本来就不是一个层次的人。"

"也就是说，在情感上，你丈夫还是很舍不得这个家的，对吗？"

"你觉得现在要想保住这个家，还来得及吗？"她试探性地问道，听得出来，她也不希望这个家就这样散了。

我安慰她说："如果你想改变，那么无论什么时候开始都来得及。只要双方愿意配合，家庭关系就有可能修复。"

"我觉得出轨和青春期危机、中年危机是一样的，是某方面的能力有问题。对于一个正常人来说，这些都是可以自行排解的啊！别人都能过这个坎，他为什么就过不去？谁能没有个情绪低落的时候啊！再说了，也不是他一个人受冷落啊！要是按照这个道理，我也去出轨吗？我认为还是他处理问题的能力存在问题。"她说道。

我接着她的话说道："我赞同你的说法，你丈夫可能对亲密关系问题的处理能力不足，让他犯了这个错误。男性和女性在生理上的区别也会导致思考问题的方式不一样。"

"要是我以后还想和他继续过下去，是要当他出轨这件事没发生过吗？是不是不能再提了？唉，一想到他出轨的是那种层次的女人，我就感到很窝火。虽然他出轨这件事已经过去半年了，但我还是不能接受，也不能平静地面对这件事，我会不会这辈子都过不了这道坎？"她问道。

"婚姻的修复确实需要时间，还需要双方为此付出更多努力。除了出轨，我们还可以看到婚姻关系的其他功能。相信这次婚姻危机也能引导你们对婚姻本质进行更多的思考。"我回答道。

"嗯。"她若有所思。

我建议道："今天听你说了很多，我觉得虽然你对你丈夫有很多不满，但你仍然努力维系着这个家，我也感到你丈夫心里还是有这个家的。在多年的相处中，你们产生了很多矛盾且没有得到及时化解。我相信如果你们都愿意做出一些改变，就能改善你们的关系。如果你们都希望保住这个家，那么我建议你们去做婚姻家庭的咨询。"

"好，感谢你听我说了这么多，我的思路也更清晰了，我需要先静一静，想一想我需要什么。"

接线员手记

来电者目前陷入了"离婚或不离婚"的两难境地。作为心理热线接线员，我是不能直接给她建议的，但我在通话的最后，建议她去做婚姻家庭的咨询，希望能帮助她厘清问题的实质，或是通过自我改变来改善亲密关系，或是不留遗憾地结束这段关系，让这个事件对她的伤害降到最低。

美国心理治疗师维琴尼亚·萨提亚（Virginia Satir）是家庭治疗的创始者和先驱者。萨提亚模式又被称为联合家庭治疗，是从家庭、社会等系统方面着手，更全面地处理个人身上所背负的问题，以家庭为对象实施的团体心理治疗模式，旨在协助个体和家庭改善沟通不良的关系，改善人们的心理状态，以执行健康的家庭功能。双方的互动模式在第三只眼（即心理咨询师的眼）中被看见，心理咨询师中立地给予反馈，适时地进行扰动，从而使问题产生积极的改变。如今，婚姻家庭的咨询越来越普及，有些婚姻登记处还配备了擅长婚姻咨询的心理咨询师，为人们提供心理辅导。

亲密关系一旦出现问题，无论是否以离婚告终，只要积极反思这段关系中的问题，双方就能从中获得成长。

我们双方都是有一些社会地位的人，我想不通为什么会发展到这一步。
1
双城记
2
他对我总是冷冰冰的，没有甜言蜜语。
3
什么是家庭治疗？
不知道医生会和我说些什么……
在心理热线的帮助下，我们第一次走进治疗室。
心理治疗室
4

第四部分 职场江湖

如果我们爬得够高，就会到达一个高度，从那儿往下看，悲剧就不再悲惨。绝大部分人都要为了生存创造社会价值并获取报酬。激烈的竞争、繁重的压力让有些人难以适应。深陷在这些负面体验中，只会让人难以自拔，如何才能跳出自我局限，走向更广阔的世界？

第 10 章

我想辞职

6 月的杭州，傍晚会出现很美的晚霞，火红热烈的、浅黄温煦的、粉色浪漫的，或铺撒在钱塘江上，或静卧在西湖水面，让人驻足、放空，缓解工作中的疲惫。

下班路上，我一边欣赏晚霞，一边听着新闻，其中一条新闻引起了我的注意："为缓解疫情带来的应届生求职压力，教育部发布通知，毕业还未落实工作单位的高校毕业生可以按规定在学校留档两年，大学应届生身份放宽到两年。"从各单位的招录比例来看，工作竞争确实比疫情前更激烈了。

不一会儿，我便到了七院。医院的门诊楼褪去了白日的喧嚣，渐渐地在夜幕中沉寂下来。走进心理援助热线室，我照旧先看了一下登记本交班的内容（尤其是一些危机电话可能需要追踪或会再次接听），然后打开工作软件，进入在线状态。

半夜一点，我正在闭目养神，铃声响了。

接起电话，传来一名年轻男子的叹气声："你好，我刚刚下班，我感觉快扛不住了，唉……"

我立刻进入工作模式，问道："你好，是什么让你感觉扛不住了？可以具体讲讲吗？"

"工作方面的，具体来说就是……唉，怎么说呢，就是工作太辛苦了，工作内容让人很烦躁。我是做 IT 的，这段时间从没在晚上 10 点之前下过班，今天居然干到了现在，而且还有一大堆工作没干完，我真不想干了，一走了之。”对方的语气既疲惫又气愤。

听起来这不是十分危急的情况，于是我先向他采集基本信息：“我怎么称呼你比较合适？”

“你叫我阿吉吧。”

“你具体做 IT 的哪方面工作？”

“做软件的。”

“今年多大了？”

“23 岁。”

“什么学历？”

“本科。”

心理援助热线来电量非常大，通常来说，普通热线约 30 分钟，有自杀行为或危险的来电会控制在 60 分钟左右，于是，我聚焦对方的主要诉求：“你刚才说工作辛苦、烦躁，你还多次叹气，我感觉到你很疲惫。你今晚打来这通电话，是期待获得什么帮助？”

“我主要想寻求一些……嗯，我需要人帮我疏导一下，我真是有点扛不住了。哦，我是没有自杀想法的，但我感觉我有一些心理危机。”阿吉的回答有些停顿，似乎对来电目标不是很清晰。

我需要进一步明确目标，问道：“嗯，你想疏导什么？”

“想辞职的冲动。”

“你有这种想法多久了？”

“快一年了。”

“为什么想辞职呢？”

“因为工作压力太大了，而且我业务能力又一般。我们小组最近走了几位‘大神’，结果现在什么事情都让我们这些新人来承担，很多任务我们真的做不了啊！嗯，就是这个情况，你跟我说点什么吧。”

听到阿吉在工作中承担了超出自己能力的压力，他迫切希望我说一些话帮助他。在人们面对挫折和危机的时候，有些人选择 fight（战斗），有些人选择 flight（逃避），看来阿吉是想选择后者。

我将通话方向引导向应对方式上，我说：“是的，你们还是职场新人，如今‘大神’离开了，留给你们几个新人的工作超出了你们的能力范围，这一定让你们感到很艰难。你们是否采取了什么办法来解决这个问题？”

阿吉无奈地说：“也没有什么好办法。其他组还好，我们组最近也不知道是怎么了，尤其是走了三位‘大神’，我们还得去填他们留下的坑。可是，我们又不知道他们之前做了什么，而且他们还在软件中留了很多我们没见过的东西，我们这几个新人只好硬着头皮一边学习他们留下来的东西，一边帮他们填坑。他们这么一走，我们组的人手不够了，我们从早到晚像钉子一样地扎在凳子上拼命干活也干不完啊，而且干得越多，犯的错也越多……嗯，我现在大概把情况描述得很清楚了吧，你能跟我说点什么吗？”

看到阿吉又把问题抛给了我，我决定继续聚焦解决方式。我说道：“如果只依靠你一个人，确实无法解决目前的困难，你能坚持这么久已经很不容易了。你觉得有谁可以帮到你们？公司领导怎么说？”

“主管也没办法，他经常鼓励我们，让我们再坚持坚持。”阿吉说。

“是什么让你坚持下来，没有选择立刻辞职呢？”

“因为这是我的第一份工作，我现在干了还不到一年，要是辞职了，这份工作的时间就太短了，再找下一份工作的时候，写在简历上也不好看。”

“嗯，这的确挺让人纠结的。你的工作目前的确出现了很多挑战，换成我，我也会觉得压力很大。”我先一般化阿吉的困境，让他能够意识到，任何人遇到这种情况都不容易，再从支持系统和阿吉进一步确认，“你有没有尝试过和你的主管或小组其他成员聊聊，说一说你面临的困难和挑战？也许可以寻求一些支持，或者让主管为你们重新分配一下工作任务，可能会减轻你的压力。”我建议道。

“说实话，这份工作我干得还行，我一直都是自己化解压力的。我只是受不了每天加班、每天工作这么长时间。”

我进一步引发他思考：“现在工作的压力这么大、工作时间这么长，这种情况是暂时的还是一直这样？”

“我觉得短期内会继续这种情况。”

“‘短期内’是多短？这是你可以忍耐的时间吗？”我通过询问他具体时间来评估他的承受力。

“估计至少要一两年吧。”

“你可以忍受吗？”

“忍不了，我真快熬不住了。我一直在测试自己的承受力，我不知道我可以承受多久。3 月的时候，我就对自己说，‘等哪天感觉自己快疯了，我就果断辞职’。结果，我挺到了现在——到了 6 月。”

在人面临压力时，如果是短期的压力，人们还可以忍受；如果是长期的压力，人们就会感到绝望。充足的社会支持（包括但不限于同事、家人、朋友）和恰当的释放压力的方法，都可以提高个体应对压力的能力。根据阿吉的回答可知，他主动寻找社会支持的能力不足，习惯一个人扛，没有恰当地释放压力的方法。对于阿吉来说，好消息是，可以预测他目前面对的压力事件的结束时间。

“除了工作时间太短，你还有什么理由没有立刻辞职？”我希望帮助阿吉寻找更多的内在资源。有时候，个体做事的原始动力或深层想法就像剥洋葱，要一层层地去探索。

“别的理由……那我觉得是责任感吧。那几位‘大神’走了之后，只剩下我们几个新人，我还算是这几个新人中经验多一些的。要是我再走了，我们小组可怎么办啊？我觉得我根本没法面对他们。”阿吉说。

“嗯，是你的责任感让你留下来了，尽管你需要面对重重困难。还有别的理由吗？”我通过递进式提问，在帮助来电者梳理思路的同时，还帮助他寻求解决问题的资源。

“嗯……这里的薪酬待遇勉强说得过去吧，但是我觉得对不起现在的工作强度。我本身就是一个比较懒的人，现在被逼成了这个样子，还这么有责任感，我觉得我能做到这一点也是很难得的了。”阿吉说。

“你很有责任感，而且从今年的 3 月坚持到了 6 月，也很清楚自己每天工作辛苦的问题所在，我感觉你已经很努力了。我身边有和你一样从事 IT 工作的朋友，平时交流的时候也会谈到工作的事，我觉得可能对你有用，你愿意听听吗？”我想和他分享他同行的故事，希望能给他鼓励。

“好。”阿吉说。

“我有一个朋友在 IT 行业工作 10 多年了，本科学历，从一个大厂换到了另一个大厂。他没干多久就站稳了脚跟，这不仅因为他很努力，还因为他碰到了一位肯带他的前辈。他在反思了自己的成功后说，身体素质、心理素质都很重要，还要掌握一些必备的技能，比如英语，以及要对工作做好规划并坚持下去。他在刚刚工作的时候并没有意识到这一点，工作时间越久越觉得重要。如果他在工作中遇到困难，那么他除了请教本部门的前辈外，还会请教其他部门的前辈，多参加一些有益的社交活动。”

阿吉听后语气缓和了一些，说道：“你说的这些有道理，但是能像这样有时间复盘，让我感觉挺奢侈的。我每天工作后就像瘫痪了似的，第二天爬起来后继续工作，我毫无思考的时间。”

“我能感受到你心有余而力不足，也理解你在身心俱疲的情况下还要继续坚持挺不容易的。今天你打电话来，希望寻求帮助。找一些释放压力的办法，得到周围人的支持，可以帮助你减少痛苦。”

“我觉得还有一点，可能是我魄力不够吧。在我想下决心做一些事情时，往往没有太大的勇气。”

我回应道：“嗯，毕竟辞职也是一件大事。”

“所以我感到很纠结——既不想干，又不想辞职。”

我希望能启发阿吉去寻找一些意义，我说：“无论是否辞职，都希望你问问自己什么对你来说是重要的。如果不辞职，两年后回头看这段时间的经历，你认为你可能会获得什么呢？”

阿吉想了想，说道：“我的主管对我挺好的，他经常鼓励我，在那几位‘大神’走之后还私下跟我说过不希望我走。其实我从未和他说过我要走的想法，但至少他的鼓励让我觉得在这里继续干下去是有意义的吧。他似乎能感受到我的压力很大，有点扛不住了。”

“主管让你觉得留在这里是有意义的，那么你是否能和他聊聊你遇到的这些困惑和工作难题呢？”

“嗯，可以的。另外，我觉得自己现在掌握的东西还不够，其实在这种强度下还是能在短时间内学到很多东西的。我现在还年轻，还是个新人，也应该再多学一点东西……嗯，只是学着学着，我就发现自己像在干苦力，”阿吉笑了笑，继续说，“不过，就算干苦力，也是可以学到东西的。所以，我之所以还没辞职，归结起来有四个原因：一是我挺有责任心的，如果辞职我就会感到不甘；二是主管对我挺好的；三是我还没想好后面该怎么办，有一些后顾之忧；四是我在这里还可以学到东西。”

听到阿吉自己把留下来的理由梳理了一遍，我希望从积极的角度解读他的想法。我说道：“嗯，你归纳得非常好，思路很清晰。其实在职场中，很多人会在不同的阶段遇到类似你现在的境遇，但如果换个角度来想，突然出现的业务难题也许是你再上一个台阶的好机会。和你聊了这么多，我感觉你还是倾向于坚持渡过这个难关的，只是有些力不从心，才产生了辞职的想法。”

阿吉的语气中透着轻松和愉悦：“是的，我现在感觉轻松些了。我再考虑考虑，谢谢你的倾听和分析。”

“无论你做出什么选择，都请你相信自己的能力和价值。工作中的挑战是暂时的，相信你一定能够渡过这道难关。虽然心理援助热线是无法替你解决工作中的现实困难，但我们可以帮你一起分析问题，寻找解决方案。你可以和主管、同事聊聊，他们能帮助你缓解一些压力，不要一个人扛。希望你保重身体、注意休息，也谢谢你的来电和信任。”我希望在结束这次通话的同时，这番话能赋予阿吉力量。

接线员手记

作为职场新人，阿吉从一开始的烦躁疲惫到后面的冷静思考、找资源、自我分析，获得对困难的掌控力。阿吉的思路非常清晰，属于典型的理工科思维。在电话中，我一再澄清、适当鼓励，并进行心理评估。通过有效提问让来电者分析和辨别其工作压力来自何处，帮助他了解自己对压力的反应，以及面对工作压力他可以做些什么。我在对话中引导他自己思考这些疑问，最终总结出几条理由，至于如何选择，结果已经非常明显了。

持续不良的负面情绪和高强度的压力会对人们的身心造成不同程度的负面影响。作为需要适应节奏的社会人，学会自我调节压力以及建立一个支持系统，对于预防身心疾病非常重要。

01:15
到底去不去……
人力资源部
想辞职的理由
1. 压力太大
2. 加班太多
不辞职的理由
1. 有责任心
2. 有担当的主管
3. 有后顾之忧
4. 学习的机会

第 11 章

我被 PUA① 了

在职场中，与人打交道是一门学问。向上如何管理上级，向下如何与下属有效沟通，还要兼顾和“半生不熟”的同事社交，分分钟都在消耗打工人所剩不多的心理能量。某大厂高管的奇葩言论“员工的家庭与我何干”“员工闹分手提离职，我秒批”一度冲上热搜，反映了职场关系的冷酷，也让人感慨，“天选打工人”的职场生存环境是多么缺乏温度呀！

在我们的心理热线中，咨询职场问题的来电者颇多，丽丽就是其中一个深受职场环境困扰的小白。她的经历让我觉得，在内卷和躺平之间，也许还有第三条、第四条……第 N 条路可以走，最关键的是，去看见你自己，不断成长，走出属于自己的职场之路。

心理援助热线的夜班是一整个通宵，我为自己布置了一个比较舒服的工作环境：背靠柔软的坐垫，左前方是柔和的小灯，加湿器有规律地喷出水汽。

此时，电话铃响了。

“喂，你好，杭州市心理援助热线。”我开启了惯常的热线开场白。

“你好，我想和你探讨一个心理的问题，这个问题虽然已经过去了，但是我还

① PUA，全称为“pick-up artist”，原意为“搭讪艺术家”，原本是指男性接受过系统化学习、实践并不断更新提升、自我完善情商的行为，后泛指很会吸引异性、让异性着迷的人及其相关行为。目前多指精神操控。

是有点想不明白。嗯，我最近的两份工作都以离职告终，我不知道问题出在哪儿了。”来电者直奔主题。

“好的，我需要先了解一下你的基本情况，我如何称呼你？”我打算先进行人物画像。

“你叫我丽丽就行。”

经过了解，丽丽大学本科学历，已成家，今年 33 岁。丽丽凭借丈夫朋友的关系加入了第一家工作单位，她丈夫也在这里做兼职。

我问道：“请具体说说，你在这份工作中发生了什么呢？”

“我负责公众号发布，就是从单位网站上复制相关内容，粘贴到微信公众号平台，再进行排版、发布。因为我不需要再进行创作，所以我一直默认为既然这些内容已经公布到网站上了，那么肯定是检查无误的。没想到，有一天我就犯了一个错误——那篇文章只有 500 字左右，其中就有错字，随后被粉丝投诉。其实我们单位的审核制度还是挺严格的，在群发之前我需要发给主管领导、大领导、客户看，他们都说没问题，并且同意我发布。结果，发给几万个粉丝半个多小时后，因为有错字，所有的批评都冲着我来了。他们说这是我发布的，所以这就是我的责任。我觉得自己被 PUA 了！可是，我觉得自己是一个很有教养也很有涵养的人，就没和他们计较，我肯定是不会做那种泼妇行为的。”她一口气说了很多。

在这段职场经历中，丽丽认为她把已经发布到单位网站上的稿件复制粘贴到微信公众号中，因稿件中存在错别字导致的损失及其相关的责任不能只归咎于自己身上。她的遭遇让人感同身受，谁在工作中没犯过错误呢？也许有些人还会想到职场中常见的“背锅”现象、PUA 现象。问题在于，遇到这样的事情该如何处置和应对呢？我决定先明确丽丽的咨询目标，然后着重了解丽丽的心路历程和后续行为。

我留意到丽丽提到了“泼妇”一词，这个词可能代表着她对一部分职场人士的认知，我想澄清她对这个词的定义。我问道：“我留意到你刚才提到了‘泼妇’

这个词，你是怎么理解它的含义的呢？”

“泼妇就是一些不讲道理的人啊！在我的两份工作中，遇到过很多这种人！第一次我忍了，第二次我就反击了，但是感觉并没有比上次更好，而且我觉得自己竟然也成了泼妇，这种感觉很糟糕。”

“所以，你并不认同这些不讲道理的‘泼妇行为’，但是似乎也找不到更好的应对她们的方法，感觉很苦恼。”

丽丽无奈地说：“是的，为什么我总会遇到这样的人呢？我忍也忍了，反击也反击了，结果还是一团糟。”

“今天你打电话过来，是希望解决什么问题呢？”我引导丽丽进一步澄清她的来电目标。

丽丽思考了一会儿，回复道：“我想搞清楚这两次的问题出在哪儿，这样我下次再遇到这种情况就知道该怎么做了。”

“好的，也就是说，你希望再回顾一下之前的行为，找到自己可以改进的地方，对吗？”

“对！可以这么说，我自己也反思过，也和周围的朋友聊过，但是都没有什么头绪。”

“好，那我们从另一个角度来看看你之前的行为模式。通过刚刚的沟通，我能看到你遇到问题的时候也努力做了尝试，你来复盘一下，你在做了哪些努力之后发现有用呢？”

“我在第一份工作中被骂后一肚子气，但是我还是主动找主管领导沟通解决方案，因为我觉得我的确需要承担一部分责任，而且也的确给单位造成了损失。当时是我主动去找主管领导的，我记得当时他看到我这么主动，脸色和态度都明显变好了很多。我觉得我这个行为是有帮助的，至少缓和了刚刚发生这件事情时的紧张氛围。”

“你做得很好啊！谁都不希望在工作中出现失误。在发生问题后，你没有出现过激反应，而是选择第一时间主动承担责任，并和主管领导沟通解决方案，做一些善后工作。”我及时肯定了丽丽的行为，并将其进一步转化为她的职场能力，我接着说，“这是一种很可贵的能力，你是怎么做到的呢？”

听了我的称赞，丽丽显得有点不好意思，语气变得柔和了不少：“其实我当时也没多想什么，虽然憋着一肚子气，但一想到事情还没解决，我就告诉自己，要先专注在解决问题上。”

“你说得太好了！这种先专注于解决问题、不把注意力放在负面情绪上的能力很重要！你在第二份工作中是否运用过这种能力呢？”我进一步强化丽丽的正向积极态度，并试着让她把基于这份能力的认知迁移到第二份工作中去。

“我的第二份工作是在一家物业公司。那里的员工文化水平普遍较低，他们在工作中都是吵吵嚷嚷的。咱们都知道，人在工作中需要安静的氛围，不喜欢被打扰。可是，那里的工作环境就像个菜市场，我很不适应。”

“我相信你肯定做了一些积极应对，是否起了一些作用呢？”我耐心引导丽丽，让她反思她是如何适应新环境的。

“我现在感觉处理得更糟糕了。如果说有一些起作用的应对方式，那么可能确实有一个。我难以适应这种吵闹的环境，感觉很压抑，而且我的主管领导就像一个泼妇，我就从网上搜索如何应对泼妇。其中有一个方法是，要比她更不讲理、更泼妇、更狠。我真的试着这么去做了，我比她更泼、更狠、更不要脸、更蛮横不讲理、更无理取闹，结果她真的老实了。有的同事笑我，因为他们觉得我装泼妇装得不像；有的说我没素质，怎么说也是大学毕业比很多同事的文化水平高，怎么还说脏话。这两种人，我都不予理睬，因为我知道我并不是泼妇，这只是我应对泼妇的一种手段。我当时的感觉就是，你从一个坏人变成一个好人，人家就说你好；但是你从一个好人变成一个坏人，可就不得了了。”

尽管丽丽在第二份工作中采取了强硬态度，但她变得不像自己了，我还是希望能引导她看到积极的一面。我说道：“我能理解你的痛苦，你也努力试着去改变了。在这个过程中，你再想想，还有什么事情起到了积极作用？或者再往回看看，你还可以做点什么来更好地解决问题？”

“当时我就想着，报复完他们后我就离职。他们之前交给了我那么多工作，我都没有推脱，他们一遇到什么不会的就只知道问我。所以，我在做完了自己手头的工作后就离职了。结果他们傻眼了，因为他们好多东西都不会，就算他们求我跟他们讲讲我也懒得理，对不起，我不伺候了！”丽丽情绪激动，宣泄着她的不满。

她停顿了片刻，我能听到彼此的呼吸声在话筒里安静地交替。过了约一分钟，丽丽的气息逐渐平复下来，她继续说道：“你刚才说，如果从现在往回看，还可以做点什么。我刚刚想到了一点，就是换位思考。在从第一家单位离职后，我丈夫曾问过我，‘如果你开了一家公司，招进来的都是之前和你关系比较好的朋友，你帮助他们解决了就业问题，却遭受了几十万的经济损失，你会怎么想？’我当时正在气头上，根本听不进去他跟我说的话。这件事已经过去一年多了，我觉得主管领导因为这件事骂我，我也能理解。站在单位的角度来看，他们对我和我丈夫多多少少也是有情谊在的，他们给我们提供了工作岗位，而且单位的内部管理肯定不会像大厂那么正规。所以，我之前把注意力都放在了他们对我的态度上，这的确影响了我的工作效率。”

“嗯，你说到了换位思考，听起来是个很好的职场情绪管理的思路！”我在话筒这边轻轻点头道。

丽丽继续说道：“嗯，其实在物业公司，我觉得我也可以站在领导和同事的角度再换位思考一下。他们在那种吵闹的环境中工作肯定也很难受，对于这种感受，我们应该是相同的，至少在这一点上，我们都很不容易。”

丽丽很快就做了积极联想，她把换位思考运用在这两份工作的不同场景中，这似乎就是她积极改变的开始。她通过换位思考，发现自己的情绪影响了工作效率。这是她在前两段工作经历中，通过亲身实践，从思想方面获得的对自我的正确认知。我们常说“一千个人眼中有一千个哈姆雷特”，其实一千个人眼中也有一千个自我。每个人都是独一无二的，要想了解这份独特就需要去探索，需要通过自我学习和不断成长去逐渐了解自己的优点、性格、特质等。所谓“知己知彼，百战不殆”，说的就是先要充分了解我们自己究竟是谁。

一个人最重要的部分就是自我，只有知道自己是谁、了解自己的感受，才能正确地认识自我。著名心理学家弗洛伊德提出了人格结构理论，对自我到底是什么做了深入的探索和研究。弗洛伊德认为，人格由三个部分组成，分别是本我（id）、自我（ego）和超我（superego）。本我是人格结构最原始的部分，它存在于个体的潜意识之中，代表着本能和欲望的驱动力；自我是人格结构的中介者，它位于潜意识和意识之间，通过协调本我和超我之间的冲突来满足个体的需求；超我是人格结构的道德和道德规范的代表，它内化了个体所接受的社会和文化价值观。用通俗的话概括就是，本我需要快乐，超我忙着约束，自我则要在负责照顾本我的同时妥协超我。

丽丽在这两段工作经历中没有充分地了解自我，对自己的脾气、性格特点、行为模式、工作目标等都认识不清，仅凭着内心本我的驱动，任由别人的态度和言语牵着自己做出下一步的选择。从这点来看，丽丽在正确认识自我的道路上还有很长的路要走，而且她成长的空间也非常大。在刚刚的通话中，丽丽已经有了对自我的进一步认知，接下来她需要给自己制定一个初步的职场小目标，然后在工作中不断实践、不断学习、不断梳理，继续自我成长。我说道：“你的表达让我也有了许多收获，我看见了你对前同事的理解，也看见了你对情绪影响自己工作的反思。基于刚才的这些思考，你会在下一份工作中为自己制定哪些小目标呢？”

丽丽若有所思地说道：“下一份工作中的小目标？这个我倒是没想过，或许我可以练练与上级的沟通技巧，争取在下一份工作中不再因为情绪过激而赌气辞职！”

我由衷地对丽丽的反馈表达了肯定和期待：“你说得很好，我们今天聊了很多，我能感觉到你对自己的性格和行为方式有了进一步的认知。接下来，你可以把今天反思的体会进一步运用到新的工作中，我相信你一定会有更多体会的！”

“好的，谢谢你。今天我说了很多，也收获了很多，我需要好好消化一下。”

丽丽回应道。

“好的，再见！”

“再见！”

接线员手记

心理学中常常会提到“自我认知”，这通常是指对自己的洞察和理解，包括自我观察和自我评价。这些向内觉察的部分是自我调节的重要条件。正确地认识自我、实事求是地评价自己，是自我调节和人格完善的重要前提。弗洛伊德、埃里克森、皮亚杰等心理学家都提出过自我认知的解释和理论。

在与丽丽沟通的过程中，我看到她对自己的认知还停留在很早期的阶段，更多的是遵循自己内心的原始欲望，缺乏对他人和社会的合理认知及行为反馈。通过引导式的对话，丽丽对自我认知的反思和调整悄然发生。我相信伴随着这次的转变，丽丽将学着辨识来自自我的一些原始冲动（比如，欲望、情绪和行为），并试着做一些鉴别和控制。自我认知是一种比较高级的认知能力，可以无限拓展，让人终身成长。在丽丽后续的职场生涯中，她会不断拥有新的自我认知和自我体验，通过职场实践的训练建立更合理的认知和信念，看见自己、不断成长。

为什么又失业了，是不是我有问题？
1
这是我的问题，我会承担责任。
也谢谢你及时和我沟通，可以看看还有什么方案解决这个问题。
2
你们不要太过分了！
3
4
学会换位思考，果然轻松多了！

第 12 章
我可能无法毕业了

中国人力资源协会和北京大学心理学院对一万多名职场人士进行访谈后整理并联合发布了《中国职场压力报告 2023》，报告提出了一个重要发现：个人压力源占比 47.8%，位居首位。也就是说，你在工作中感受到的压力，并不完全是由外界因素造成的，在很大程度上是由自己的心态、认知、情绪和行为所决定的。你可以试着回想一下，当你最近感觉压力过大的时候是如何做的？是面对还是逃避？当问题一直没有得到解决的时候，你又是如何做的？是放任不管、彻底躺平还是寻求帮助？当压力达到临界阈值时，你又可以做些什么来积极自救呢？

“你好，杭州市心理援助热线。”今天轮到我值班，前一通电话刚结束，下一通电话就打了进来。

“你好，我叫琳琳。最近我觉得做什么事都没信心，还鼓不起勇气。我主要是在学业方面遇到了困难……我可能没法毕业了。还有两个月就要硕士毕业了，但是我着手的课题实验还没有结果，正面临着课题和论文的双重压力……这种时候，本应更努力的，但我实在没信心……而且这三年来我好像什么都没有学到，身边没有谁能帮助我，我太焦虑了。”

“嗯，我感受到了你的担心和焦虑，你觉得最近做事没有信心，担心毕不了业，是这样吗？”我问她。

“是的，学校对我们这一届的毕业要求比往届都要高，靠我自己办不到，导师也帮不到我，勉强给我安排了一个课题。我做了两个月，导师逼我每周都要出结果，但是这个实验不可能每周都出结果，我不知道如何和导师解释……而且我最近表现不好，导师就说让我交给师姐去做，我的心理负担特别大！他时不时就说，‘你要是做不了就给别人做’，我都不知道该怎么办了！”

琳琳一口气说了许多，我能听出她压抑太久了，就像一尾求生的小鱼，茫然无措，找不到方向。我想先澄清她的咨询目标，这样在后续的对话中可以更聚焦一些。我说道：“听起来你很焦虑，不知道接下来该如何做才好。你可以和我说说，今天来电是想获得哪些帮助吗？”

“我真的不知道接下来该怎么做了，我现在最担心的就是毕不了业……”琳琳的声音中透着无助。

我能感受到琳琳此刻的情绪十分紧绷，“毕不了业”这件事就像一颗正在倒计时的炸弹，琳琳小心翼翼、忐忑不安地蹲在“炸弹”旁边。随着时间一分一秒地流逝，她的恐惧与日俱增。这颗“炸弹”就是琳琳感受到的压力，而且已经到了临界点，如果不做一些应对措施，它的爆发就会导致非常严重的后果。这一切是如何形成的呢？这可能要从我们如何看待压力说起。我首先需要了解她的压力是如何形成的。

“你担心毕不了业，我是不是可以理解成，你希望在和我探讨之后找到毕业的办法？”我继续和琳琳澄清她的来电目标。

“嗯，是这样的。我现在毫无头绪，感觉自己什么都做不了，很需要你的帮助。”

基于琳琳前面描述的内容，我决定先协助她厘清思路。我说道：“好的，刚才我听到你描述了几个会对你毕业造成困难的点，现在我来复述一遍，你听听是不是你想表达的意思。”

“好的，你说吧，我听着。”

我尽量用琳琳的原话复述：“一是学校对你们这一届的毕业要求比往届都要

高；二是你被勉强安排了一个课题，导师要求每周出结果，这点你觉得很难做到，但是又不知道该怎么和导师解释；三是导师让你把课题交给师姐去做，你不知道该怎么办才好，心理负担特别大；四是你很希望获得别人的帮助。是这样吗？”

“没错，每一点都很难，我快被压得喘不过气了！”

在琳琳之前的描述中，我们能看到有事件、有情绪、有心理感受，这些共同构成了琳琳的压力源。只有把它们区分开，才能更好地制定应对举措。不过，更关键的是，要找到琳琳是如何看待压力的，这决定了她会如何应对压力，以及会产生什么样的结果。

“好，那我们接下来具体看一下每个点，也许会有一些新思路。”我接着引导琳琳重新面对压力点，搞清楚它们是如何形成的，是否像她说的那样毫无办法。

“嗯，你现在做的，我是不是可以理解成一个第三视角的回放？就像有时我会回忆起多年前做过的某件事，会对往事有新的认识。”琳琳给了我一个宝贵的回应。

“你说得很对，我们现在做的就是‘回放’，也就是去认真地审视一下你的自动化思维。它有时会躲过你的理性部分，直接引起情绪反应，但事实可能并不是你想象的那样。”我回应琳琳道。

所谓“自动化思维”，就是一个人无意识的习惯性想法，它往往是自动的、没有经过修正的，虽然简单快速，不需要过多的努力，但是准确性很低。这就是为什么对于同样一件事情，每个人的想法和情绪会不一样。在人们改变了自动化思维后，哪怕再面对同一件事，前后想法的差异性也会大到令人吃惊。

在琳琳的描述中，我看到了她存在一些负性的自动化思维，这些想法构成了她无力应对压力的关键部分，需要被扰动，从而被正确识别。

琳琳陷入了沉思，片刻后轻轻地说道：“嗯……你的意思是，我的有些感受可能并不一定是真实的，会存在一定的欺骗性，是吗？”

我引导琳琳进一步思考：“对，比如，会夸大或者过于极端化，如果你能识别出基于事实的较为真实的想法，就可以更好地看清楚每个事件和你之间的关系，也能更容易想清楚接下来你该怎么做了。”

“我倒是第一次听说这个，但这还挺容易理解的，具体要怎么看呢？”琳琳的提问包含着好奇，她已经跃跃欲试了。

“好的，我们先来看第一点——‘学校对你们这一届的毕业要求比往届都要高’。你认为这一点给你带来了哪些困难？”我先把“要求高”这个笼统的概括进行具体化。

“我觉得我们这一届真是太惨了，什么好事都没碰上——高考的时候赶上改革，好不容易考研上岸，结果毕业的要求又变得更严格，真的太倒霉了！”

我问道：“你觉得你这一届很倒霉，请你仔细想想，真的是一件好事都没碰上吗？”

琳琳想了想，说道：“嗯……那倒也不是，我们校区是新建的，师资也加强了，学习的环境比之前好多了，唉，不过课题的要求也更高了……我看过我们同专业之前同学的论文，如果按照现在的标准，他们是毕不了业的！”

我继续问道：“嗯，所以还是有好事的。那么课题变难了，一点好处都没有吗？”

“嗯……”琳琳的语速变慢了，她边思考边说道，“如果非要说好处，那就是标准高了，我们发表的论文质量也更高了。为了写好论文，我们要花更多的心血，我觉得这对我们以后找工作是有帮助的。”

我回应道：“嗯，听起来学校对你们这一届的学生要求高，但对毕业之后找工作还是有帮助的。”

“唉……”琳琳长叹了口气，然后说道，“虽然有帮助，但真是困难重重啊，我要是毕不了业，还谈什么找工作呢……”

我问道：“你的同学们是不是也有同样的想法呢？他们是如何看待这个问题的呢？”我希望她能跳出个人的固定视角，从同辈视角看待事件，可能会是一个很好的可建构资源。

“他们也和我差不多，都觉得很不公平！”

我继续询问道：“那他们是怎么做的呢？都和你一样吗？”

“那倒也不是，抱怨归抱怨，最后一个学期他们都比之前更努力了，经常去图书馆学习。我有一个室友，在写论文、做课题的同时，还要兼顾公司里的实习工作。他们都很拼的。”琳琳如实反馈。

“那你呢？你觉得很难，你做了些什么呢？”我反问她，发起了今天的第一次小面质。

琳琳不作声，陷入了短暂的沉默。我仿佛能感觉到她的内心有两股力量在拉扯——一股是旧有的习惯性思维，另一股是崭新的、正在被自我觉察的新认知。这可能是帮助琳琳进一步了解自己内心真实想法的好机会。

我鼓励琳琳进一步自我探索：“你好像有一些新的想法，没关系，无论想到了什么都可以说说看。”

“我有点惭愧，和室友相比，我好像除了抱怨，并没有做什么。也许我早点开始写论文、早点去做课题，现在压力就会小一点了。”

在琳琳学会了识别压力的不同成因后，我引导她继续梳理：“你说得很好，我看到你可以更客观、更多元化地看待一件事了。任何事情其实都没有那么绝对化，对吗？”

“是的，之前我满脑子都只有‘这不可能’‘这太难了’之类的想法，完全没有看到其他可能性。”

“好，我很高兴能看到你在看问题时多了一些视角。我们再来看看第二点，‘你被勉强安排了一个课题，导师要求每周出结果，这点你觉得很难做到，但是不知道怎么和导师解释’，你现在对此有什么想法吗？”

“也许是学习和导师的沟通技巧吧。我想起我的师姐经常和导师沟通，我可以向她请教一下。”通过对第一点的讨论，琳琳很快学会了“迁移”，即把解决问题的思路带到了第二点。

我继续询问道：“你之前是否观察过师姐是怎么和导师沟通的？”

“没有特别留意过，但是师姐的表达能力很好，她会及时和导师当面沟通，这对于我来说挺有难度的。”

“如果下周导师向你询问课题结果，你打算怎么回应他呢？”

“嗯……师姐很擅长口头沟通，但我觉得并不需要全都是当面沟通，我可以试着通过微信和他解释一下，表达自己之前的想法。和当面沟通相比，这种沟通方式能让我觉得简单一些、舒服一些。”琳琳提出了适合自己的解决办法，我感觉她比之前更有力量了，思路也清晰了许多。

“你提出的这个办法很好，我很惊讶你能在这么短的时间内想到适合自己的解决方式，你是怎么做到这一点的呢？”感受到琳琳提升的心理能量，我也忍不住“焦味”①起来，给琳琳一个当下的反馈。

“过奖了。”琳琳轻笑了一下，热线的氛围开始变得轻松起来，她继续说道，“我也不知道自己是怎么做到的，好像和你对话之后，再去看待过去的事情，视角就发生了变化，之前觉得不可能的事情现在也发生了变化，让我感觉轻松了不少。”

琳琳的想法开始有了松动，之前绝对不可能的视角就像重重迷雾逐渐散去，希望的曙光慢慢显现。热线的时间不多了，我决定趁热打铁，把后面两点也顺势推动一下。

“我们来看下第三点，‘导师让你把课题交给师姐去做，你不知道该怎么办才好，心理负担特别大’，关于这一点，你现在有什么想法？”

“我想如果我向导师表达了我的想法，那么他可能不会一直催我把课题交给师姐去做了。我之前还很担心，要是让师姐做了，我还怎么独立署名和发表呢？”我通过重复来和琳琳确认：“嗯，所以你在意的是，是否能够独立署名和发表论文，这个部分之前让你感到心理负担特别大。”

“是的，之前我都是顺着导师的思路在做事，现在我觉得并不是只有让师姐

---

① 指下意识地运用焦点解决的思路给予赋能。

来完成这一种解决办法，我还可以向她请教，或者参考同组其他成员的建议。总之，就是尽量自己独立完成全部吧。”琳琳的语气变快了一些，表达也越来越流利。

“我注意到你对待师姐这个资源的视角发生了变化，从之前的被动接受变成了现在的主动接近。关于这个部分，你有什么想反馈的吗？”我想再强化一下琳琳的转变，从她的个人视角出发。

“我的感受是，我不再像之前那样感觉那么无力了，现在我可以自己解决问题，尽管不一定能解决得很好。所以我想到了师姐，我会觉得她是一个可以帮我的资源，对，你说的‘资源’这个词太好了！”琳琳有点小激动，我感觉她又自我“进化”了一小步。

“好的，你在第四点中提到‘你很希望获得别人的帮助’，我们对于这一点似乎不需要再讨论了。”我笑着对琳琳说道，语气中是对她能独立解决问题的能力的信任。

琳琳也会心一笑，说道：“是的，通过之前的探讨，我感到自己已经和来电之前不一样了，这种感觉就好像我还是我，但是我更有力量了！谢谢你和我对话。虽然我现在想起课题和论文还是觉得压力很大，但是不一样的地方在于，我知道我是能找到解决办法的，这可能是我拨打这通热线的最大收获。”

“好的，那我们今天就谈到这里，我相信你今天咨询的问题已经不再那么可怕了，你是有能力应对的！再见！”

“好的，谢谢你，再见！”

接线员手记

研究生虽说还是学生身份，却也是职场的一部分。在与琳琳的沟通中，我感受到了压力让她引发的情绪反应，因此学会应对压力成为我和琳琳工作的主要方向。

正确识别压力源、客观多元地看待问题，是伴随大部分人一生的课题。压力是一把双刃剑，有时它是焦虑、抑郁或其他负面情绪产生的原因，有时它又可以让人变得更加坚毅和优秀。区别在于，我们如何看待压力，以及如何去应对。在识别这一系列的自动化思维和行为的过程中，需要仔细觉察压力是如何产生的，以及这件事会对自己产生什么影响。如果能如实地面对这个问题，就会知道这个压力对我们来说究竟意味着什么。

琳琳在最开始面对压力时，她有一种迷雾重重、毫无希望的感觉，压得她快喘不过气，只想举手投降。在搞清楚是自己只知道抱怨、不想解决办法的应对方式导致大部分问题一直得不到解决之后，琳琳的力量感就慢慢增长了起来。一旦她开始相信自己，一部分的压力就转变成了动力，可以在能力范围内克服困难，甚至是挑战困难。

你有没有听说我们这一届毕业要求变高了？
是啊，感觉好难，压力好大。
1
老师，我最近没有什么进展。
如果真有什么困难的话，就让你师姐来做吧。
2
实验楼
确实如你所说，毕业压力变大也有好处，能学到更多东西，发的文章更好，对就业也有帮助。
3
向师姐请教。
给导师发信息，说一下我的想法。
谢谢你，我想到一些解决办法了。
4

第五部分 自我成长

人永远无法真正从他人那里得到帮助，必须找出自助的力量。我们会希望爱我们的人永远不离开我们；我们会期待外面的世界能按照我们的规则运行；我们会渴望我爱的人也爱我……然而，慢慢地，我们也会发现自身的无能，意识到生命的局限。一旦真正开始接纳自身的局限，我们就长大了。

第 13 章
我心里有一道过不去的坎

做接线员的时间久了，也能和天南海北的来电者建立起稳定的热线关系。其中就有一位神奇的来电者——阿荭，她给我们打了几百通电话，我接过其中的几十通。说她“神奇”，是因为她连续多年坚持不懈地来电，几位接线员提起她时都说有一种老熟人的感觉。一根电话线的缘分，风雨无阻地联结了好几年，时间久了也会令人偶尔恍惚，究竟是谁陪伴了谁。

2019 年底的一天晚上，我第一次接到了她的电话。

第一次来电：初识丧父的阿荭

我戴上耳麦：“你好，这里是杭州市心理援助热线，请问有什么可以帮到你的？”

电话里传来急促的声音：“你好，我还是想打电话给你们。”

她说的是“你们”，我心想，她之前可能已经给中心打过许多次电话了。

我问道：“怎么称呼你？”

“我是阿荭。”

之前我听同事说起过她经常给我们拨打电话，于是回应道：“好的，你说。”

“我心里堵着一件事，心理压力比较大。”

“发生了什么事？”我迅速翻开咨询页，准备做记录。

“一想到父亲去世，我心里就特别难受。可是，他人已经不在了，我再难受也没有办法呀，我该如何不再这么难受了呢？”阿莛略快的语速中夹杂着几丝焦躁。

亲人去世是沉重的生命课题，当事人往往需要很长时间来做这方面的功课。我的第一反应是去共情和抱持住她的情绪，让她看到自己已经做到却不自知的努力。她遭受了巨大的人生困境，坚持走到今天，这本身就值得被肯定。

“我想你一定是度过了一段格外艰难的时光。在这么难过的情绪下，你还能够照顾好自己，继续生活，你可以和我说说你是怎么做到的吗？”我在共情的同时，尝试挖掘阿莛生活中的一些资源或者成功例外。

“我实在是太难过了，最近去做了三次心理咨询。”阿莛的语速稍稍放慢了些。

我顺着阿莛的话头，从心理咨询这个资源继续询问道：“做了这三次咨询后有什么感受？”

“前两次的咨询让我内心有小小的创伤，这个创伤目前还是挺疼的，让我感觉自己走不过去，所以我就隐瞒了父亲去世的事情。”阿莛的回应中带着专业术语。我们常说来访者是自己“问题”的半个专家，此话不假。

“去做心理咨询是一次不错的尝试，不是所有人都能迈出这一步的。要想走出伤痛，可能就要再给自己多一点时间。”我肯定了阿莛的心理自救方式。

“前两次咨询时，我内心里有纠结的东西，尤其是一想到父亲去世我就很难受，多说一句都要哭了。可能下次再做咨询，我会把心里的这种难受说出来。”阿莛答道。

“就是这个意思，你有情绪，就要把它宣泄出来，不要用理智去控制它。你看你今天能打电话过来，就是又前进了一步。”我继续给予她正面的肯定。

接热线的这几年，我遇到过各种来电者：有的人讲述的故事在我听来都有点离奇，有的人讲述的故事又现实得残酷。这可能就是热线吸引人之处——来访者可以在几乎不暴露隐私的情况下畅所欲言。

我打算进一步了解她父亲去世的情况，掌握一些背景信息，问道："你父亲是在什么时候去世的呢？"

阿莛的声音又小了一些："已经过去 22 年了。"

"哦，已经 22 年了。这么多年来你一直背负着这些情绪，辛苦你了。" 22 年的哀伤该是多么沉重的情绪啊！我很自然地和阿莛共情，此时无声胜有声。

几分钟后，阿莛缓缓开了口："我最近总是想起父亲去世，想得心里特别难受。我给你打这个电话，你能不能开解我？"

我和阿莛一起沉浸在她悲伤的心境里，片刻后，她继续讲述："我父亲是因高血压脑出血猝死的，当时是秋天，是心血管疾病高发期。他早上用高压锅做早饭，有点累了就闭上眼睛眯了一会儿。睡梦中他突然想到高压锅和煤气还没关就一下子跃起，想从卧室跑到厨房关煤气，结果血管突然爆裂……我在做咨询时没有把这件事讲述出来，现在我在电话里可以和你说说。"阿莛慢慢地把积郁多年的往事倾倒了出来。

"你现在能说出来真的很勇敢，需要很大的勇气。"我继续鼓励她，给予正向肯定。

"不说出来确实很压抑。当时我才 20 多岁，并不了解高血压，只知道父亲生病了，还弄了一辆三轮车把他搬来搬去。现在想想，当时应该让他平躺在床上，不要乱动，然后打 120 急救。"阿莛叹口气，深藏多年的心事撕开了一道口子，背后是多年的自责和遗憾。

我回应道："你做出了当时最符合情况的选择。我们不能用现在的标准来责备过去发生的事情。对不对？"希望能减轻她经年累月的歉疚感。

"当时我还是个小姑娘，什么都不懂，家里也没有电话……就这样，一条命就没了。我们还用三轮车把他搬来搬去，路上还很颠簸……所以我一想到这一点，我心里就难受……"阿莛的情绪很激动，声调也提高了。

"你觉得当时可能做错了。"我也不自觉地压低了声音。在巨大的伤痛面前，言语有时候真的很苍白。

“他还那么年轻……如果把他平躺在床上不动，可能就只是卒中或者偏瘫，他就不会死了。我之所以这么难受，就是因为这个……”阿莛开始抽泣，哭声像寒冬中呼啸的风声，咿咿呀呀，压得人心头沉重，我快听不清她在说什么了。

我知道这就是阿莛的心结所在，这么多年来她一直内疚自责，如果当时能让父亲平躺，也许结果就会不一样。这是我们需要和她不断做修通工作的地方，此刻她更需要宣泄。

曾有一个很经典的心理咨询案例，来访者不说话，咨询师也不说话，他们咨询的内容就是一起沉默。在咨询了 50 多次后，来访者终于哭了出来，并且结束了咨询。这是被允许的沉默，我想阿莛此刻也需要。

“虽然已经过去 22 年了，可一想到这件事我就好难受啊……把父亲送到医院后，又折腾了半天，他在两个小时后去世了……那时候条件真的不好，家里没有电话，都没法及时拨打急救电话……”阿莛顿了顿，情绪缓和了一些，继续说道，“今天我终于把这件事说出来了……之前在做咨询的时候我说不出来，因为要是说出来，我就一定会哭的。”

“哭出来可能就好了。像今天这样，你的情绪得到了一定的宣泄。你做得很棒，现在终于能够面对这件事了。”捕捉到阿莛向前一小步的细节，我给予及时的反馈。

“啊……”阿莛长长呼出一口气，又做了几个深呼吸，然后慢慢说道，“说出来以后，心里真的好受一些了。生命就是这样吧，挽回不了有什么办法呢？都已经过去 22 年了……在那时候，高血压患者还是很少的，也没有太多的药物可以帮他们控制，就算有，人们也看不起病啊。现在多好，就算得了高血压，也可以得到有效治疗。”

“是啊，20 多年前和现在比，差距太大了。你曾有过这么大的遗憾，更要珍惜现在的生活啊！”我感觉阿莛松动了一些，我心里也松了一口气。和阿莛通话的这 40 分钟，我的心情从沉重过渡到轻松，全然贴着她的内心感受走，也消耗了不少力气。

阿荭吐出一口气，说道："和你说了那么多，心情放松了好多！以后如果有机会，我就再和你们说一说，看看自己还会不会难过、会不会哭。"

看到阿荭也发现自己发生了一些细微变化，我说道："好的，你能和我说这些，我要感谢你对我的信任。"

阿荭说道："谢谢你听我说这么多。"

"不用谢，再见。"我回应道。我相信这很可能不是我和她之间的最后一次通话，我们还会"再见"的。

"好的，再见。"

第二次来电：有恋父情结的阿荭

没过多久，我又接到了阿荭的来电。

"你好，这里是杭州市心理援助热线。"

"我……又打你们电话了。"

是阿荭熟悉的口音。虽然是半个熟人了，但我也要澄清她的期待。我问道："今天有什么可以帮助到你的？"

"嗯……我想告诉你的是一个类比吧。"

"嗯，是什么类比呢？"有一阵子没"见"的阿荭，不知她这次又会讲些什么呢，我有点好奇。

"比如，我找了一个男朋友，我和他的关系还可以……我的意思不是说我，而是说任何一个人。"阿荭好像有点紧张。

"嗯，不是说你。"我重复她的原话，鼓励她继续说下去。

阿荭继续说："两个人性格不合要分开，无论男人还是女人都会很难过。"

"嗯，对。"我顺着她的话给予回应，看来她这回要和我聊聊感情了。

她的音量突然变大，情绪变得激动起来："多爱一些的那个人肯定会很难过。如果你再去找第二个男朋友，第一段感情就会淡下来了。天涯何处无芳草，何必单恋一枝花，对吧？没必要总是想着第一个老公，最好就是发展第二个、第三个老公……"阿荭越讲越快，舌头像上了发条，在情感编织的湖面上泛起大小涟漪。

"如果这么做会让你感到开心，或者是能帮助到你的，那也是可以尝试的。"我跟着她在涟漪间穿梭，准备进入她的情感世界。

"现在的问题是这样的，第一个恋人并不是十全十美的，但是第二个、第三个相处久了又发现两人性格不合。会不会永远都是这样，反反复复的？"阿荭陷入了短暂的沉默。

"你的意思是说，很难找到一个完美的、能够真心长久相伴的伴侣，是吗？"我抛出问题，先澄清她的疑问。

"是的，所以以前呢，我就抱着宁缺毋滥的念头。"阿荭讲得飞快，好像在追逐什么。

"嗯，那现在呢？"我紧紧跟着她。

"现在呢……大好的青春已经过去了，当初宁缺毋滥，现在把自己熬成年近半百的老太婆了。"阿荭开始自嘲，语气又低落了下去。

我感觉她停住不动了，似乎遇到了障碍，问道："那你现在有男朋友吗？接下来有什么样的打算呢？"

"我有一个男朋友，相处一年多了。他是一个有妇之夫，60 多岁。今天我的一个朋友建议我和他分手。"阿荭有点欲言又止。

"你是怎么想的呢？"我知道这是阿荭今天想探讨的话题。

"我挺依恋他的，但好像是年轻人对老年人的依恋……"阿荭说道。

"你的意思是，你们之间更像父女之间的相处？"我顿时想起了阿荭的父亲，早逝 20 多年，这份痛楚会不会促使她在其他相似的老年男性身上寻找爱意和慰藉？

“父女？”阿荭一顿，几秒后她的声音再次响起来，好像飘到了很远的地方，“我一直对他有一种依恋和亲切感，他今年 65 岁，你这么一说，我才意识到要是我父亲还活着，今年也正好是 65 岁。”

“所以，你对他的亲切感，可能是因为他有像你父亲的部分，对吗？”

“好像是这样的。”

阿荭沉默了一小会儿，我理解她现在心里可能乱成了一团毛线，在现实情感和道德的双重考验下，有一只神秘的幕后黑手浮出水面，原来是对父亲的迷恋和渴望，让她在无意识中饮鸩止渴，越陷越深。

我听着电话线那头的呼吸声，若有若无，于是想打破沉默，轻轻地开口问道：“你父亲是一个什么样的人呢？”

阿荭缓缓地回应，仿佛陷入温暖的回忆中：“他是一个电工，很厉害，有高级证书。他很爱我，虽然挣不到很多钱，买不起玩具，但是我所有的玩具都是他亲手给我做的。小时候我真的很崇拜他，感觉没有他解决不了的难题。”

我肯定地回应她：“听得出来你很崇拜他。”

“对。”阿荭的声音飘近又飘远，“唉，可他就那么走了……”

我问道：“你会怪父亲那么早就离开你了吗？”

阿荭陷入了沉思：“嗯……我不知道，这么多年来我心里一直很悔恨，一想起父亲，就感觉心里像是被剜掉了一块肉，很疼。”

我继续回应：“所以，你找了现在的这个男朋友？”

阿荭仿佛恍然大悟：“你是说，我把他当成了我父亲的替代品？”

恋父情结在生活中往往会表现为一个经历丧父之痛的成年人的某种复杂行为模式。通常会在“寻找－补偿－幻灭－寻找”这个怪圈中重复，永远追求一个得不到的东西。

阿荭就是一个这样的人：她崇拜的父亲是完美的，但是她不能接受父亲那么早地离世。她感觉自己被遗弃了，于是不断地在其他人身上渴望寻找父亲的影子，并产生了固定的行为模式，不断地寻找父亲的替代品，第一个不行，就找第二个、第三个……阿荭想靠近的男人和父亲有相似之处，但最终又因为他们不是他而分手。

阿荭继续说道："我从来没有这么想过……其实，我的这个男朋友很稳重，让我很安心，有时还能帮我出一出主意，让我越来越迷恋他……"

"在他身边，你好像又变回了那个被父亲照顾的小女孩。"我仿佛看见了年轻时的阿荭。

"对，就是这样的感觉！在他身边，我就像是一艘在海上漂泊了多年的小船，终于可以歇一歇了。我对他有渴望，我舍不得和他分手……"阿荭语速又快了起来。

"就像你舍不得前面几个男朋友，但最终还是和他们分手了，你想过原因吗？"我继续问道。

"我不知道，他们都离开了我，辜负了我的信任……"阿荭十分难过，声音开始颤抖。

"你对他们有什么期待呢？"我问。

"我只是希望有一个人可以为我负责一切，可以对我好，可是他们都做不到……"阿荭抽泣起来。

我握着听筒，静静地陪着阿荭。这么多年来，她都没有允许自己长大。内心深处渴望着一个男人能介入其中，扮演一个无法阻挡的幻想角色，他会为她负责一切，做出重大决定。然而，他们最终辜负了阿荭的信任——事实上，没有任何人能满足她的这种渴望。

过了一会儿，阿荭反思自己的感情："我好像有点理解你的意思了。我一直在寻找的感情，是父亲给我的爱，其他人好像都无法做到。"

我回应道："是的，你越渴望，得不到时就会越失望。"

"我啰唆了这么多，心理救援热线应该留给遇到更大问题的人，谢谢你。"阿荭突然选择中断通话，也许她需要自己待一会儿。

"不用谢，关于你和男朋友的事情，你还有什么想说的吗？"我知道她现在内心很矛盾，需要时间消化，这在一通电话里是谈不完，也解决不了的。

“今天先到这里吧，我要回去好好想一想……下次再和你们说吧。”

“嗯，好的，那我们今天的通话就到这里吧。”

“嗯，谢谢你。”

接线员手记

这是两次并不连续的热线记录，同一位来电者的生命故事在成百上千通热线中呈现，在咨询师的陪伴下汲取养分，终而自愈。就像这个故事的主人公阿菈，她拨打了几年的热线，早已经成为自己心理状况的半个专家。她经历了丧父之痛，继而转化成情感上投射的恋父情结，在不断重复的模式中寻找爱，继而又失去爱。这是一个无意识中的怪圈，咨询师需要做的是陪伴和重构，通过言语的接纳、适当的扰动、关键的重构，陪伴来电者顺利度过这一段人生经历。在心理援助热线的咨询过程中，我们始终把来电者看作解决自己的问题的专家。有句话说“先有相信，才能看见”，我们对待来电者也是秉承着这样的信念。前期的接纳、共情，以及无数通热线的陪伴，都是培育我们相信来电者的土壤，持续地给他们赋能，不断地给他们的心理能量加码。直到某一天，我们一起看见了可以松动的点，来电者就能去突破和改变，或者只是轻轻地转身离开，继续他们的下一段旅途。

1
2
如果父亲还在多好……
你不觉得他年纪太大了吗？我觉得你们不合适。
我觉得他很稳重，能照顾我。
3
4
希望有一天能有一份属于我的爱情。

第 14 章

我讨厌现在的生活

生活总是在别处，曾经一封“世界那么大，我想去看看”的辞职信火遍全网，道出了多少人内心的愿望：“要是我也这么勇敢就好了。”这个社会现象揭示了现代人对自主性、意义感和自由的普遍渴望：有的人选择远离城市回到农村过田园生活；有的人选择离开工厂去送外卖；有的人选择从大厂辞职创业……正是因为有不同的选择，人生才显得丰富多彩。生命的终点就在那里，明确而坚定，而我们能做的，就是在有限的时空里追求无限，扩大对生命的感受。每个人的人生只有一次机会，且没法回头，你会如何过好这一生呢？

刚挂断了上一通电话，我忙着补写咨询记录，又一通电话打了进来。

“你好，这里是杭州市心理援助热线，有什么可以帮到你？”我身体坐正，缓慢吸了一口气，在这夜深人静的时刻，可以让自己更清醒一些。

“我今天遇到一件小事，然后我发现长期以来我心里一直有一个困惑，就是我不太能适应世俗的眼光。比如，我受不了别人用世俗的标准来评价我。不知道你有没有发现，现实中有很多人觉得他们周围的一些标准是正确的，并用它当尺子来评判周围的人，而不论这个人的外表、经济、学识、人际、身体素质等各方面如何。我觉得用这种尺子看人的方式是非常局限和肤浅的，我就不会这样去审视别人，更不会用某种尺子看人后觉得这个人不够好，然后不加掩饰地直接告诉对方，我觉得这样非常不礼貌。即便是出于好意，我也不会这样做。可是，我周围有一些人就会这样做，他们可能自认为是出于好意，觉得我现在刚步入社会、也没什么地位，就会把他们心里真实的想法告诉我，这让我觉得他们很没礼貌，而且我还感到了受伤害！”

来电者是一位年轻的女性，音调很高，语速也很快，在她倾诉的时候我根本插不上话。听起来，这是一通关于人际关系的来电，来电者有很强烈的倾诉欲望，在她停顿片刻的时候，我打算让她继续说一会儿，我问道：“你可以举一个例子吗？”

“之前我的一个朋友经常劝我要常去商场买衣服，要多打扮自己，提升自己的外在魅力。有一次我和她说起了一个同学，那个同学平时穿的衣服挺破旧的，然后我那个朋友又看了看我身上的衣服问，‘有你穿得破旧吗？’我说，‘有。’她说，‘那还真是挺破旧的！’我就觉得她是戴着有色眼镜看我，是一种很不理性、以貌论人的做法，但是我没有办法驳斥她。她觉得大多数女生穿得比我好，还问我是否介意别人的眼光。我觉得这个人很庸俗、层次很低。”

来电者对他人的“攻击”采取了自我防御。虽然看不到对方的表情，但我能感到她的气愤，讲话的语速飞快，趁着她稍稍停顿了一下，我想借此机会了解她的个人信息。我说道：“听你说了这么多，我知道你有很多疑惑和困扰，也很着急，希望得到帮助。但是由于心理热线属于电话咨询，因此我无法看到你的样貌和表情，我需要了解一些基本信息，这样能更有利于帮助你。”

“好的。”

“你希望我怎么称呼你？”

“你叫我潘雪吧。”

“多大年龄？做什么的？”

“我 25 岁了，硕士毕业，现在没有工作。”

“目前处于待业状态，对吗？”

潘雪听到我说她“待业”，似乎很不高兴，语气中带着不满地说：“我不是不去工作，我理想的生活状态是在学校旁边租个房子，看书、上课、听听讲座，掌握更多的知识，学自己想学的东西，没有人强迫我做什么。比如，我可以写小说，我能从中获得乐趣，我需要一种文化和精神层面的熏陶来作为生活的支撑。”

“嗯。”我简单地回应她。

她停顿片刻，又补充道：“最好找个人嫁了，这样就能有人来养活我了，但是我不想生儿育女，我只是希望能毫无负担地过好这一辈子。”

潘雪的话存在着明显的矛盾：一方面，她向往自由的生活，能做自己喜欢做的事；另一方面，她又很在意别人的评价，此外，她还想靠别人养活自己，但又不想为这个人生儿育女。

“听起来，你非常重视精神层面的满足。”我回应她。

“是的。”潘雪说。

“你向往的生活和目前很多人的生活不太一样，有些人可能会因此而议论你。你是如何看待别人的评价的？”我问道。我把话题转到了人际关系上。虽然我觉得潘雪所期待的生活过于理想化，但没有去否定她。

“我以前并不介意这些的，但被她这样赤裸裸地一问之后就……我也不知道该怎么办，我无法改变她的看法。她觉得人不能穿得很朴素，否则就会被人看扁。”潘雪回应。

我进一步澄清，帮助潘雪厘清边界：“嗯，不同的人，观点的确会不一样。”

“社会上确实是有这样一部分人存在的，他们是以看别人的衣着来评判人的价值的！看这个人穿的是不是名牌衣服、是不是新款，还有看款式、新旧程度、是否时尚之类的。不过我不会那么在意别人穿什么，因为我觉得衣着是身外之物。一个人哪怕外表不好，但是你和他相处几天后，你就不会在乎他穿什么或者长什么样了。一般人平时没有必要穿得很高档去炫富，也没有必要花很多钱买衣服装饰自己。”

我及时予以肯定：“我同意你的观点，我们不能根据一个人的穿着来评价他的价值。”

“我的这个朋友就是用世俗的观点看人，觉得穿得越贵越好，这样才不会被别人瞧不起。这种观点让我很受伤，觉得她不是真诚地把我当朋友看待！如果她真的把我当朋友，就会包容我的一些个性化行为，会让我保留一些自由的个人见解，而不是把她的观点强加在我身上，让我变成她理想中的那种样子。我觉得她就是让我去迎合某个社会主流的观点，比如追求分数、金钱，或者拍领导马屁，在社会习俗这个梯子上爬得越高才能显得越有价值。其实，我这个朋友学习也不算好，她当时也想考研，但是没有努力备考，而是天天玩。她知道自己不是学习的料，但是我也没有直接劝她要认真对待学业。我觉得她虽然在学习方面不太擅长，但是在其他方面有出色之处。”

潘雪的语速依然很快，中间很少有停顿或者询问，一直在输出自己的观点和价值观，似乎是在寻找认同她的人。趁着她停顿的片刻，我简短地回应她，希望能让她的关注点从外界评价回到她自己的身上：“刚刚听你讲了那么多，感觉你很在意他人的评价，情绪很容易受他人言论的影响，让自己的情绪受到了困扰，是吗？”

“是的。”

我试着引导她将想法和客观事实进行分离：“每个人都有自己的评价体系，穿衣打扮是否时髦、学习是否努力，那都是一个人的看法而已。你刚刚说希望别人对你包容一些，这其实是你自己的想法，但是你并不能控制别人的想法，对吗？每个人都想掌控自己的生活，也想掌控别人，但最终都会发现自己是无法掌控别人的，并会因此产生愤怒的情绪。”

“是的，可是我听别人这样说真的很烦。”

“你听别人这样说感到很烦，他们的话让你想到了什么呢？”我试着让她进行自我觉察。

潘雪的语气中带着无力：“不知道。也许是因为我不同意他们的观点，想要反驳，但又反驳不了。”

“你可不可以试着不去反驳，而把对方的话想象成一种奇怪的声音？比如，动画片里唐老鸭的声音？”我引导她处理与评价的关系。这其实是一种想法的解离，能帮助人们不要陷入想法中。**“解离”是接纳承诺疗法（acceptance and commitment therapy，ACT）中的术语，意思是我们不要被想法、评价控制融合了，需要保持一定的心理距离。**

电话那边传来笑声：“哈哈，如果把他们的声音变成唐老鸭的声音，那确实很好笑。”

“这样一来，你有什么感悟吗？”

“感觉他们的话没那么让我难受了。”

“是的，语言只是一个符号，不代表客观事实。”

“但我总是想要反驳他们的观点。”

我试着帮助潘雪对认知做一些觉察：“如果明知道有些事情无法改变，但你又坚持去做，那么你内心的需求往往不会得到充分满足。”

潘雪沉思片刻，开始剖析自己的心理动机：“也许在潜意识中，我希望别人包容我、认可我、接受我。我确实看不上那些人那么肤浅，却很在意他们的话，如果他们说了一些伤害我的话，我就会情绪失控。”

“希望被人认可、接受是人之常情，每个人都有这个需要。”我先把她的需要正常化，然后聚焦内心需求，“我们可以看看如何得到别人的认可。”

“我该怎么办呢？我不想像别人一样那么世俗，但我又会受别人的世俗观念和行为左右，感觉自己信心不足，所以我要参考别人的意见。”

看来，潘雪的自我并不强大，她很希望能得到别人的认同，于是，我试着了解她是如何形成现在的心理模式的：“在你的成长经历中，遇到过类似的情况吗？”

“有的，那时我上初中，数学考了 93 分，英语考了 94 分，我爸带我出去，在街上碰上同学的父母，我爸就问我那个同学考了多少分。他语文考得没我好，但是他的数学和英语分别是 98 分、99 分……”潘雪哽咽起来，“我爸立刻板起脸，回家后打了我一顿，认为是我不够努力才考不过别人的。”

我能感受到潘雪愤怒背后的委屈，说道：“这件事过了这么久，你还记得如此清楚，说明这件事确实伤害了你。”

“是的，我每次想起这件事都很生气，感觉他们一点都不理解我——他们看不到我的好、我的努力，只拿成绩评定一切。还拿我的缺点和别人的优点做比较，那样我只能是那个失败者。想到这里，我感觉我整个人都要崩溃了！”

“确实，如果是我，我也很崩溃，没有人看到我的付出和努力，感觉我是不被肯定的。”

潘雪又抽泣了起来。

等她稍微平静了一些，我说：“那我们可以做一个尝试吗？看看这样你会不会舒服一点？”

“好的，可以。”潘雪回答道。

我引导潘雪从第三视角再次看那件事：“假如你现在用手机刷短视频，刚好刷到一个视频。视频中的女孩子在读初中，这个女孩名叫小雨，她和读初中时的你有着同样的遭遇，你看到了什么画面？”

“我看到她数学考了 93 分，英语考了 94 分，爸爸带她出去，在街上碰到一个同学的父母，就问他们那个同学考了多少分。那个同学的语文成绩没有小雨高，数学和英语分别是 98 分、99 分。小雨的爸爸立刻板起了脸，回家后打了小雨一顿，认为是她不够努力才考不过别人。”潘雪重现了初中那个场景。

“很好，你还看到了什么？”

“我还看到爸爸强迫她往社会主流的方向发展，会给她介绍社会名流认识，带她去高消费场所长见识，看看上流社会的人是什么样的生活状态。爸爸很看重钱权名利，他还把自己的人生愿景强加到小雨身上，期望她活成爸爸希望的样子。小雨根本无法反抗，也不敢反抗。”

我鼓励潘雪去感受：“你看到这两个场景，有什么感受？你想对小雨说些什么？”

“小雨肯定很委屈、很伤心，也很气愤，爸爸一点都不信任她，看不到她的努力，只会打压她、控制她，感觉她就像一个提线木偶，让她没有自信，也活不出自己……”潘雪体会小雨的感受，一点一点地表达，“小雨也很迷惘，好像这一切真的是她的错，好像爸爸的批评是对的。小雨不敢反抗，因为她怕伤了爸爸的心，她认为爸爸应该是爱她的。小雨的心里很矛盾，不知道自己真正的需求是什么。”

我引导潘雪去抚慰那个迷失的自己：“你想对小雨说些什么呢？”

潘雪深吸了一口气，说道：“我觉得小雨可以更坚强一些、勇敢一些，可以和爸爸说自己其实已经很努力了，争取得到爸爸的认可。所以，我想对小雨说，‘你做了那么多，你已经很棒了。我看到你一直很努力，其实是想证明自己，不想被别人看扁。’”

我回应道：“嗯，我也看到小雨一直很努力地渴望得到爸爸的认可，不敢反驳，从而导致她失去了自我，对自己没信心。”

从潘雪描述的经历中，我大概可以推测出她现在状态的由来。小时候，爸爸对她要求很高——“没有最好，只有更好”，对潘雪赋予了很多期待。这种高要求导致潘雪一直处在被打压的状态之中，导致她对自己没有自信，也没什么主见。她的内心似乎总有一个声音在对她说“你做得还不够好”。我拉回思绪，聚焦当下，问道：“你现在和爸爸的关系如何？”

“我父母希望我活得体面、挣很多钱，便给我找了一份记者的工作，但是我不想干。我现在压力很大。”

“你感觉压力大，是因为父母过高的期待还是因为自己不喜欢这份工作？”我澄清道。

“都有吧，我不喜欢做那种按部就班的工作，我只想随心所欲地过日子，根据心情来决定做些什么。我也不怎么花钱，估计这辈子大约有 200 万元就够开销的了。其实我也对自己有一些发展规划的，但是如果去工作，就没有那么多时间去完成学习计划了，精神层面的需求就无法得到拓展。我想拥有更多的思想、观念，掌握更多的知识，文史哲都要学。我还想写小说，投稿也好，出版也罢，虽然仅凭稿费可能无法养活自己，但是可以创造个人价值。我需要一种文化和精神层面的熏陶，如果把我放到一个没有文化的地方去，我肯定会受不了的。”

我问道：“你父母如何看待你这样的生活态度？”

“嗯，他们觉得我必须出去工作，否则一个硕士毕业的人每天宅在家里，传出去不好听。其实我很想知道要是我不找工作，他们是否愿意养我。”

“如果你父母不愿意这么养你，你有没有尝试过其他办法？”我继续询问，试图引导潘雪有更多的选择。

“没有，我现在就是走一步看一步。”潘雪回答道。

理想很丰满，现实很骨感。潘雪虽然有自己想要的理想生活，但无奈现实条件不允许。我说道：“听起来你身边支持你的人不多，你还因为没有经济基础而缺乏勇气和信心。”

“是的，我很矛盾。”

我继续引导她说：“假如你现在又开始刷短视频，又刷到了小雨的另一条视频，你看到了什么？”

“我看到小雨很无助，好像一直在挣扎，没有方向。一方面，她不得不接受父母的安排，因为她不会反抗，也没有这种力量；另一方面，她很排斥现在的生活，她希望自己能活得轻松自在，不被父母指责、控制，也不被朋友评价，但她又渴望亲情、友情，还有爱情。她的理想和现实形成了巨大的反差，她找不到自己的路，好像一只迷路的羔羊。”借助小雨的感受，潘雪表达得更清晰了。

我通过一层层地询问，试图找到她痛苦背后的价值：“这种痛苦到底意味着什么？”

“意味着小雨更想证明自己。我感觉小雨之所以看不到前面的路，也许是因为她还不知道自己真正想要什么。我觉得小雨更想通过自己的努力得到家人的认可，而不是被人控制的人生。”潘雪借助对小雨的想象，慢慢发现了自己的内在价值方向。

我回应道：“说得非常好，小雨希望证明自己，不想被人控制，同时还想得到父母的认同。有没有什么办法兼顾呢？也就是说，既不丢失自己的理想，又能得到父母的认同。”

“虽然她不喜欢父母安排的工作，但这也是她生活的一部分，可以赚点钱，下班抽时间学习，为以后的创作做好准备。”潘雪的思路越来越清晰，也更有力量来改变自己。

“我相信你也可以兼顾好两者的。”我鼓励道。

“谢谢。”她说。

接线员手记

挂断电话，我感觉到一个“乖乖女”发出了来自内心深处的呐喊：她从小不被认可，被父母严格要求、期望颇高，她的路都是由别人规划好的，她被条条框框束缚，她耳畔都是“你必须 / 你应该……否则……”的声音，她从来不敢反抗，也不知道如何反抗，这种矛盾冲突带给她的压抑感就像是被绳子勒紧了脖子，让她快要窒息了。她一心想要逃离，向往自由，哪怕是不切实际的。

我通过解离想法和以己为景[①]技术，帮助她发现了痛苦感受背后的价值所在。她想要挣脱束缚，那束缚在儿时来自父母，成年后来自同学和社会，所以她向往无拘无束、自由自在的生活，此外，潘雪没有从父母那里得到充分的认同，导致她缺乏自信，很容易受到外界影响，同学或同事的一句话可能会让她感到被贬低、不被尊重。在通话过程中，我始终把潘雪的心理需求作为落脚点，这才是她出现种种行为的内在原因。只有看到自己的心理需求，以及由此引发的种种情绪和认知，才能让当事人更加清晰自己接下来要做什么。祝福潘雪能接纳自我，通过行动改变生活。

① 在接纳承诺疗法中，以己为景技术指个体将自己视为一个独立的观察者，而不是被自己的思想和情绪所控制，即认识到经验之外还有一个作为观察者的自我。

我好像他们的提线木偶。
为什么所有人都这么在意外表？
我只想过自由的生活。
你可以想象一下，视频中的女孩会怎么做？
她很想得到爸爸的认可。她父母对她有很高的要求，想让她走上他们为她规划好的人生路。

第 15 章

我想征服她

你还记得自己第一次喜欢异性时的感觉吗？都说初恋是每个人心中难以忘怀的回忆。影视剧中有不少以初恋为主题而深受大家喜欢的作品，比如，《初恋那件小事》《那些年，我们一起追的女孩》《我的少女时代》等，对初恋的回忆似乎成了大众的情结。初恋也会带来伤痛，在电影《洛丽塔》中，男主角汉伯特教授是一位迷恋未成年少女、无法与成年女性发生亲密关系的男性。汉伯特教授在 14 岁时迎来了青春期的第一份爱恋和亲密关系，在 4 个月后恋人因伤寒去世后，汉伯特冻结了他的情感，哪怕是他成年后，其情感依恋仍然固着在 14 岁。直到他 40 岁那年，疯狂地爱上了年仅 14 岁的洛丽塔。

有一位来电者，他的感情有点特殊，他的爱仍停留在年少时代。这份从萌生起就一直固着的情意，对他的心理造成了严重的困扰。

“你好，这里是杭州市心理援助热线。”我刚坐下没多久，就有电话打进来。

“你好，我有两个问题。第一个问题是，你说为什么会有校园暴力啊？”来电者是一名年轻的男性，话语中带着质问。

“是什么让你对这个话题感兴趣的？”我没有直接回答，而是希望了解其背后的动机。

像这位来电者这样的提问方式是比较常见的。在心理热线中，有些来电者不会直接说出自己的需求和问题，而是先说一些试探性的话题。

来电者说道："我认识一个很老实的女孩，20 多岁，大学毕业，她是独生女，读书时和别人的关系不太好。她上小学时，总是被人欺负。一个人挨欺负一两次很正常，毕竟是小孩嘛，但如果一个老实人长期挨欺负，就很可能有心理问题了。你说，那些总欺负她的人是心理变态吗？"

"学校出现欺凌现象确实让人很难理解也很难接受，这背后的原因也是多方面的。"我简单回应了他，然后把话题转移到他自己身上，"感觉你非常关心这个女孩，对方和你什么关系？"

对方通过抛出对一种社会现象的探讨作为开头。这既可能是他对接线员的试探，也可能是其心理防御的表现，还可能是因为他与现实生活建立关系的能力较弱。因此，我在回应时便去寻找他提出的问题与其自身之间的联系，逐渐把焦点拉回到来电者身上。

"她是我的一个朋友，她很老实的，但长期挨欺负。"来电者简短地回应，把自己和女孩的关系一笔带过，然后声音突然高了起来说道，"你说欺负她的那些人心里是怎么想的啊？看着人家挨欺负、看着人家难受，他们就高兴？"

"我感觉你是一个很有正义感的人。"我顺势肯定了来电者的话。不过，这通电话还是没有进入正题。

来电者不依不饶地问道："你说小孩都有心理缺陷吗？"

我顺着他的逻辑回应道："总体来说，真正有心理缺陷的人还是少数。"根据他的这个问题，我推测他的认知有些极端，人格特质也可能有偏激等性格特征。

"那我想再问问你第二个问题，你说有正经人吗？那些正经人是不是只是表面看起来正经，其实都是假的呀？"

"你是怎么理解'正经'的呢？可以和我聊聊吗？"我预感他真正关心的问题快要出现了。

他仿佛打开了话匣子，语速也快了不少："正经人就是看起来挺正经的，其实很假。这个世界上有正经人吗？从某些名人的日记中我们可以看出，他们虽然有名望，但内心很奔放。你说那个女的到底是真老实还是假正经啊？她就没有性欲，也没有性生活吗？”

他再次提到了那个女孩，但这次用的称呼是“那个女的”，而且言辞之中还有对她的贬低。我试着引导他探讨提问背后的需求：“你的两个问题都是和别人相关的，讨论这个话题对你有什么帮助呢？你为什么想要讨论她呢？”

“我是一个人，我肯定就会想这些问题啊，你是希望我像行尸走肉那样活着吗？”

来电者启动了回避防御模式，看来我的提问触到了他的坚硬外壳。我的脑海中仿佛浮现出了来电者在生活中的样子——当遇到不顺心、不如意的事情时，他下意识的第一反应可能就是回避，这样不仅能让他的内心好受些，还可以缓解其因焦虑而产生的痛苦，维护其自尊免受伤害。

“你说得很对，你是一个人，你会有很多想法，也会有一些思考。不过，在这里讨论一些关于别人的话题是不会有什么结论的。如果你想和我讨论一些什么，那么不如说说你自己，可以从你身边的事情说起。”我继续顺着他的逻辑回应道，但是核心依旧是要把关注的焦点拉回到他自己身上。

来电者坚持自己的逻辑，说道：“我没讨论她。我只是拿她打个比方。我和你是在探讨，表面正经的人是真正经还是假正经，以及有没有正经人。”

我进一步明确来电者的想法。“嗯，我明白了，你对正经和不正经有很强烈的探讨需求。”

对方陷入沉默。过了一会儿，他问道：“你说是不是每个人心里都有一些不正常的地方？”

“是的，或多或少。在心理学上，没有绝对健康的人。”我表示肯定。

“那你说我这个人正常吗？”来电者的语气中有几分犹豫。

“你是如何看待自己的呢？”我决定做适当的自我暴露，帮助来电者降低一些防御感，“比如，我认为我挺正常的，能好好工作、好好生活，对社会也有一些贡献。”

“其实……我能感觉到我心里有一些不正常的地方。”聊了近半个小时，来电者终于慢慢打开了心扉。

“你觉得自己有哪些地方不正常？”

“这是我对自己的评价……要是按照科学来讲，到底是不是呢，不好说。”来电者也开始认真地自我剖析。

我及时肯定他的观点：“对。这只是你对自己的一个主观判断。从科学严谨的角度来说，需要去医院进行综合诊断。”

来电者的自我防御有些松动了，开始自我评价，袒露内心想法。我做了适当的自我暴露，在获得来电者的信任后终于可以和他聊得再深入一些了，也能进一步了解他的过往经历、认知行为模式，以及他的真正需求。

“聊了这么久，我还不知道怎么称呼你，你可以做一下自我介绍吗？”我们终于把关注点放在当下的彼此身上了。

“你叫我晓东吧，我今年 26 岁，是个打工人。”他简单地介绍了自己，然后开始讲述自己的故事，“我跟你说，我曾经遇到过一个女的，和她接触过一阵子后就特别反感她，可能她有些东西妨碍到我了，我就很记仇。那时我处于青春期，觉得她长得挺漂亮。刚开始我并不讨厌她，但是后来发生了一些事情，比如她在态度或言语上让我很难堪，我就讨厌她了。”

“哦，她做了什么让你觉得反感、不舒服呢？”我贴着晓东的话，尽量用原词反馈。

“就是她对我态度不好，有时会对我说一些难听的话，让我很反感她。不过，她确实有几分姿色，这一点我还是要承认的。现在已经过去好几年了，我一想到她的模样、身段、穿着，就会产生强烈的生理反应。我不知道自己为什么会这样……”晓东有点不好意思，但是他勇敢地表达出了藏在他内心深处的想法。

关于性的话题一直是相对比较隐私的，铺垫了许久，他终于说了出来，我为他感到高兴。我问道：“这是你今天打电话过来真正想要讨论的事情吗？”

晓东说道：“是的，我觉得不好意思开口，我不知道自己是不是不正常了。”

我引导他多说一些："我们可以就这个话题做一些探讨。"

"有个词叫'意淫'，虽然我不愿意承认，但有时我的确会这么做。"

我引导晓东去觉察他的现状："嗯，你曾经很喜欢她，但是她给你造成了一些伤害。这么多年过去了，你还是忘不了她，你好像一直停留在了那个时候。"

"对，我忘不了她，但又很反感她。因为她在某些方面伤害到了我，让我很难堪。在某些人看来，或许不是什么事，但是我会记仇。所以，就算过去了那么多年我还在想着她，我好想征服她，用什么征服她呢？用性！你说我这是不是有心理问题啊？"晓东静静地等着我给他一个答案。

我需要评估他的社会功能，于是我问道："你会因为这些想法感到痛苦吗？这些想法会影响你的生活和社交吗？"

"想起来会有些难受的，心里有气，一个人待着的时候就很容易多想。"

晓东在青春期时的情感经历固着至今。**固着（fixation）是指个体对某一事物的情绪体验一直保持在某一水平的心理状态。个体在幼稚期的情感特点是依赖性、自我中心，对能够满足其需要的对象投注情感。随着人格的发展，个体将会学到处理与他人和与事物的关系，并能发展出正常的感情。弗洛伊德认为，固着是指行为方式发展的停滞及习惯反应的刻板化。**

晓东对漂亮女孩萌发的好感，以及被女孩有意或无意伤害了自尊，这段潜伏在性心理发展阶段的冲突，尽管经过了很多年也没有被正常消化，反而深深地扎根在晓东的内心深处，时不时跳出来敲打他一番。晓东多年来的"意淫"想法，既是对他低自尊心理的补偿，又是一种心理固着的表现。

我引导晓东去觉察他感受的细节："你说当你想起她的时候，心里会有气，你能具体描述一下是怎样的气吗？"

他的语气中夹杂着怒气："我气她对我态度冷淡，我还气自己没用……"

我引导晓东直面内心："所以你是在用自己的方式找回面子吗？"

晓东陷入沉思。

我引导晓东与曾经的自己和解："如果让现在的你和曾经的你说一句话，你会说什么呢？”

“我不知道，我觉得曾经的自己太傻了。”

我引导晓东用发展变化的眼光看待过去：“人在不同的年纪会有不同的能力和想法，你之前处理问题的能力和现在的肯定是不一样的。”

晓东没有回答，要想快速改变他的固有认知是不太可能的。他一直采取补偿防御的方式面对青春期的挫折，不敢直面。我猜，他现在的生活也不会很如意。

我再次发问：“你现在如果再次遇到青春期的情景，你会怎么做呢？”我说。

“这几年没有遇到过这种情况，我不知道自己能不能应对。如果那个女孩再次出现在我面前，我还是不知道该怎么办。”晓东似乎并未从这件事上得到成长。

“你现在有女朋友吗？”

“没有。”

晓东因为那段经历，自尊心受伤，也影响了他现在找女朋友，害怕被人拒绝。为了弥补挫败，他通过“意淫”的方式获得征服感，以缓解挫败带来的痛苦。这种方式也让晓东觉得不正常。我鼓励他道：“晓东，我看到你现在仍活在过去的挫败中无法走出来。在情爱之中受伤是很常见的，每个人都有可能遭到拒绝。希望你能早日走出来，迎接新的生活，找到属于自己的另一半。”

“是的，我也觉得我现在不正常。”晓东也许也意识到了，活在过去是无法迎接新生活的，他又提了一个话头，“老师我还有一个问题。你说两个人谈恋爱，按道理来说应该是相处时间越久感情越深，是不是？”

“一般来说是这样的，但并不是绝对的。”

“我用我自己来打个比方。我之前牙刷用旧了都舍不得扔，我也不知道这个习惯好不好。我换了新牙刷后，会把旧牙刷存起来。我为什么这么做呢？因为我觉得自己用过的东西好像是有情感的。”

我回应他：“听起来你比较重感情。”

“嗯……我现在也会丢，但是丢的时候总是要做一番思想斗争——用了那么久了，丢了真让我有点舍不得。我就想说，人与人相处也是一样的，相处越久感情越深。虽然我说买个新牙刷用久了感情很深，但这真的能叫感情吗？感情会越相处越深，激情则是越相处越淡，对不对？我身边有人谈恋爱，相处了好几年后分手了。我很奇怪，为什么相处久了感情就淡了？这不符合逻辑啊！时间是检验两个人感情真假的有力依据，无论是朋友还是恋人、夫妻，都逃脱不了时间的检验。我活了 20 多年，走着走着就和之前的朋友走散了。想想我自己也挺可悲的，我连一个非常好的朋友都没有。不是说我不会做人，我觉得这不是我个人的问题，我不知道该怎么去……你懂我的意思吗？”晓东寻求我的理解。

我感觉得到，晓东在现实中建立关系和维持关系的能力较弱。他从少年时期对意中人持续至今的性幻想及征服情结，到从牙刷引发的情感关系思考，都证明了他的现实生活经历少，与周围人群及外界交互较少，存在认知偏激、固执等表现。

“你做过什么新的尝试吗？比如，交一些新朋友。”我鼓励他向外界探索。

“前两天夜里，我突然特别想对所有人都真诚、友好，因为我觉得活着很不容易。”晓东提出了一个新的想法。

“这个想法特别好，你能发现大家的不容易。”我抱持此刻的晓东，鼓励他继续往下说。

“其实理由很简单，就是我看了一则新闻，觉得人太难了。但是对于我的那个想法，我后来又想了想觉得不可能，因为有很多因素不允许我这样做。”晓东理性地分析着。

“你当然不可能做到对所有人都真诚、友好，但是你可以把范围缩小点，比如，你是否可以从今天开始，在这一周的每一天都做到对家人真诚、友好？”我引导晓东从他熟悉的家庭着手，试着迈出一小步。

“嗯，可以试试。”晓东回答，沉默片刻后他继续说，“虽然我是一个普通人，但是我觉得我的境界比很多人高。我已经在思考这样的问题了，但是我认识的很多人还在钩心斗角呢！”

“你能看到大家都不容易，想对人真诚、友好，这非常难得。不过，仅仅是想还不够，你还要走出来，把想法变成行动。”

晓东再次陷入了沉默，他可能是在思考我说的话。他之前可能想过这些道理，但是因为一直处于固着状态下，其内心的不同声音互相拉扯、互相排斥，让他长期处于内耗中。

感觉过了很久，他终于开口说道："也许我可以试试，下周先从对家人做起。其实我感觉自己被困住很久了，的确需要做点什么了。"

"好的，时间差不多了，如果有需要，你可以再给我们打电话。再见。"

接线员手记

挂断了电话，我的思绪仍停留在晓东身上，我暂时也允许自己"固着"一下，把这一个多小时的沟通进行简单复盘。

晓东关于性心理的发展还停留在少年时期，从他的言语中我感受到他当时受到的创伤和情绪一直积压在他的意识深处，没有得到合理的释放和流动。像这样的来电者，我们可以引导他进行自我觉察，让他思考自己内心的真实需求是什么，同时培养其随时随地客观觉察当下状态的能力，也就是做到及时、自然地表达当下的感受，让情绪和感受可以自由流动起来。如果晓东能做到在愤怒时，清醒地意识到自己在愤怒；在恐惧时，清醒地意识到自己在恐惧；在自责时，清醒地意识到自己在自责；在高兴时，清醒地意识到自己在高兴……也就是说，他能真正地做到接纳自己、理解自己的真实状态，他就能做到自我抱持和涵容，成为接纳自己的稳定的容器，那他在生活中就会拥有更多自主的可能性，能够继续向前走，而不是停留在某个困扰他的时刻。当然，长期固着的人要迈出下一步，会比其他人遇到更多的困难。我们要不断地鼓励"晓东"们：向前走，努力克服困难，给自己一点时间，探索一个新的自我，一旦旧的自我被打破，一个崭新的、成熟的自我就诞生了，这个自我一定会比从前的自我更强大、更自信！

实施校园暴力的人到底怎么想的？
到底什么才是所谓的“正经人”？
她到底是什么意思呢？
我不敢写下我的真实想法。
我应该接纳一切情绪状态，接纳自我。

第16章

我是多余的

我最近看了曾奇峰老师写的《幻想和现实》一书，感触很深。精神分析理论认为，一个人的人格是由他早年所处的心灵成长的环境决定的；在他成年以后，**他的一切**（包括外表和内心、言语和行为、成功与失败、幸福和悲伤，等等）都会或直接或间接、或明显或隐晦地与他的童年有着千丝万缕的联系。童年的经历就像一个刻满了各种符号的火红的烙铁，印盖在一个人的心灵之上，即使穷尽一生也无法将这些印记抹去。如果一个人在童年缺爱，就会一直寻找依恋和归属。自卑是在呼喊被接纳；敏感是在呼喊被关注；多疑是在呼喊建立安全依恋；缺乏沟通技巧和滞留在抑郁状态，是在呼喊被照顾；看似封闭实则敞开了全部的自己，是在呼喊联结，希望用外界的力量让自己重新相信自己、喜爱自己、信赖自己。

那天晚上，我接到了这样一通电话，我在此称来电者为茉茉。

“你好，这里是杭州市心理援助热线，有什么可以帮到你？”每一次都是同样的开场。

“你好，我跟大学的心理老师联系七年了。因为我这个人比较敏感，特别容易胡思乱想，哪怕是别人的一些无心举动也会让我想很多，让我感到很累，我的工作和生活也受到了影响。”茉茉说，提及自己的敏感引发了很多困扰。

“你的敏感、多疑有哪些具体表现呢？”我澄清了她的困扰。

“我经常会胡思乱想，有时还会用自己的思考逻辑去揣测别人的想法。”茉茉回应道。

“很多人都会按照自己的判断去揣测别人，不过，你指的是你会过度解读别人吗？”我向茉茉确认她想表达的意思。

“是的，这样会产生很多沟通障碍和误解。我的性格很内向，内心深处特别自卑。”

“具体表现在哪些方面？可以多说一些吗？”

“我也和我的心理老师探讨过，他更希望我凡事都能往积极的方面考虑，不要想太多过去的事情。我觉得我之所以养成了这样的思维方式，主要和我的童年经历有关。我家里人比较多，共有六个孩子，我爸比较重男轻女，他从来没有爱过我。小时候，我父母把我送到姥姥家住，然后……”茉茉讲不下去了，哭了起来。

我安慰她道：“想哭就哭一会儿吧，否则憋在心里也会很难受的。”

她边哭边说道：“其实我从一开始就很想哭，一直忍着，现在实在忍不住了。”

“哭也是情绪的释放，这是很正常的。”我试图把茉茉的情绪正常化。

待茉茉的情绪舒缓了一些，开始讲述她儿时的成长经历：“他们把我送到姥姥家，我当时以为他们不要我了，就很担心。到了姥姥家后，我怕被姥姥嫌弃，就跟姥姥说我会洗碗、刷锅，还会扫地。其实这些活我都不会干的，所以在姥姥发现我什么都不会干之后就说我撒谎。当时我只有六七岁，很多事情都没什么印象，但这件事情我记得特别清楚。后来我在姥姥家也很受冷落，因为我三姐也在姥姥家住，她比我大四岁，干活利索而且勤快，所以姥姥特别喜欢她。我在那时就觉得我的童年和人生都是灰暗的，注定没有快乐。也许正是这些经历，才让我形成了内向、敏感、多疑的性格。”

“听起来你的童年过得不太快乐。那时候，小小的你害怕自己被抛弃，一直生活在焦虑和担忧中，太不容易了。”我尝试去共情童年时期的小茉茉。

个体的自尊水平主要由三个部分组成：自爱、自信、自我观。自爱源自个体在童年得到的爱与滋养，如果缺乏爱，或遭受了语言暴力攻击，就会导致个体出现人格障碍，感到“我不值得被爱”，从而变得多疑、攻击性强。自信就是个体认为自己有能力在重要场合采取恰当的行动，对于失败的看法也能反映出其自信程度，自信的人会承认并接受自己的失败。自我观就是对自己的优缺点的合理评价，有心理障碍的人对自己的评价总是飘忽不定的。

童年缺爱的个体，成年后集中在稳定的低自尊和不稳定的低自尊两种类型中。因为严重缺少爱和滋养，个体的自尊体系没有被很好地建立起来，从而表现出自卑、内向、胆怯、敏感、多疑，还会有冷漠、暴躁或抑郁的心理状态。茉茉在成长过程中没有得到过充分的爱，这种感觉一直延续，渐渐形成低自尊的自我。

我简单梳理了茉茉的现状，和她确认：“你感觉自己是一个不被喜欢的人，不如三姐能干，甚至觉得自己没用。尽管这些事情发生在你小时候，但是影响到了你现在的生活和人际关系，对吗？”

“是的，我也知道童年经历会对一个人造成影响，但我实在没有办法改变自卑的心理。我和那位心理老师一直保持联系，因为我认为他是那种在心理学方面造诣比较深的人，我相信我在他的帮助下能走出心理阴霾。他经常对我说，让我转移注意力，或是去做一些该做的事情，不要只关注自己的情绪。但是我实在做不到，我一直都是这个样子。我总是问自己，‘我活着有什么意义？我活着有什么价值？’”

“自卑心理对你现在的工作和生活造成了多大影响？”

“我最近刚换了新工作，这份工作刚做了一个多月。我们公司挺好的，但是我不善于处理人际关系，工作起来也比较累。”茉茉沉默片刻，继续说，“我性子比较闷，和同事交流不多，再加上需要适应新环境和新的工作任务，忙不过来的时候还要加班。总之，工作推进得不是很顺利，我有时会觉得很累、很烦。”

“你心情不好的时候，有没有想过找朋友倾诉？”我试图帮助茉茉寻找社会资源。

“我的朋友不多。”茉茉回答。

“你身边有没有聊得来的或者经常在一起玩的人？”我提示她。

“我几乎很少和别人说我的想法，担心说出来可能会被别人看不起或者被别人笑话。而且，有些事和别人说了之后，别人也不太能理解，所以就算说了也没用。我知道我心理有些不健康，如果感觉快要情绪崩溃，我就会去找我的那个心理老师聊一聊。有人说我看起来挺自信的，但我知道，我只是外表、穿着等让人觉得我很自信，其实我内心特别自卑……唉，有时我甚至会觉得自己是别人的累赘。”茉茉诉说着自己的担心。

“我看到你为了减少痛苦而尽可能地回避社交，但你的外表却给人一种比较自信的感觉。这么做，似乎让你一直无法在社交上得以突破。”我指出茉茉的回避心理，然后鼓励她做一些尝试，“你是否试过和好朋友说说自己的想法？我们往往很容易被自己头脑中的过往经验限制了，担心别人不理解，担心别人对我们有负面评价。如果我们一直被童年经历控制，就永远无法获得成长。”

“我觉得这种尝试很难。不是我不想尝试，而是我的整个状态总是很消极的，很难带动我去积极行动。我每天很难提得起劲，工作时有心无力的，虽然很想做好，但我在这种状态中工作得很累。”

“茉茉，感觉你对自己要求很高，就像一根弹簧，如果长时间拉得太长，就会削弱它的弹性。你需要适当的休息和放松。现在已经半夜一点了，你还没睡，是睡不着吗？”我关心地问道。

“是的，我这几天状态都不太好。我之前觉得特别累，上周六终于休息了，我想放松一下，就看了比较有趣的综艺节目，我大脑感到很放松。结果那天一直看到凌晨 5 点多，很困，但是就是不想睡。记不清我是几点睡着了的，睡到周日那天下午两点才起来。我姐有事，本打算下午让我帮她去带一下孩子的，但是我实在不想出门，就没有去。后来我叫了外卖，边吃边继续看综艺节目，一直看到晚上 10 点多才睡。”

我回应道：“嗯，忙碌了一周，周末放松一下挺好的。你还可以出去散散步、运动运动，或者和家人、朋友聚聚。”

“但是我觉得和别人聊天挺没意思的，我很不喜欢。”茉茉立刻否定了我的建议。

我感受到了她的焦虑，和她确认道：“和别人聊天会让你感觉不舒服、很有压力，是吗？”

“我在前年加了一个群，就是一些年龄相仿的朋友组织出去玩。在别人看来，我挺活泼开朗的，他们会觉得我是开心果……是的，有时候，我也觉得我的性格挺外向的，这挺奇怪吧。”

“你这种外向的状态持续了多久？”

“时间很短，应该不是很久，我记不太清了。不过，我记得我的一个同学结婚，我去了一天半，在这一天半里，我表现得就像个开心果，周围的人都很喜欢我，我也觉得气氛特别愉悦、放松。这次持续的时间还相对较长一些，其他的时间就很短了，我也没什么印象了。我的情绪不太稳定，尤其是生理期前后，很容易起伏不定。”

“你是感觉有时自己的情绪波动比较大，有点失控吗？”我重复她对自己的判断。

“是的，有时我难以控制自己的情绪。我之前还问过我的心理老师，我是不是应该吃药。”茉茉诉说着自己的担忧。

“如果你有这种担心，那么建议你去正规的精神专科医院就诊评估，确定是否需要服药。”我回答。

“嗯，但是老师说，吃药是会让人上瘾的，还会有副作用，他说吃药对人不太好。”茉茉诉说了她内心的纠结。

“药物的功效和副作用是可以权衡一下的。现在有两个选择，一是不吃药，情绪一直不稳定，状态不好；二是吃了药可能会有副作用，也可能没有，但你的情绪更稳定，能正常生活。你会选择哪个？”

“我可能选择吃药，老师，你说我真的有心理疾病吗？”

“我们这里是心理援助热线，不做具体的医学诊断。建议你不要给自己贴标签，如果你很担心，那么建议你可以去医院看看。”

茉茉岔开了话题，说道：“可是我很在意别人对我的看法，又不太敢和别人交流。”

“因为你的头脑中会有很多担心，比如，担心别人怎么看你、担心自己说错话，等等。如果你一直被头脑中的想法所束缚，就会一直止步不前。你无法控制你的担心，但是可以控制你的行为。”

“好的。”茉茉终于肯定地回复了一句。

茉茉的理智被恐惧侵占，越是不敢和别人交流，就越验证了“我没用”的评价，如此反复形成了恶性循环，导致其情绪持续低落，少有开心。这种情绪状态会影响一个人的认知和行为，出现容易累、精力不足、注意力不集中等症状。

我补充了一些有益的生活方式建议：“还要作息规律，熬夜会影响生物钟，只有让你的大脑在该休息的时候休息，该工作的时候工作，你的情绪才能有稳定的基础。还可以去做运动，因为运动可以促进多巴胺的分泌，让你感到很愉悦，跑步、游泳、骑行这些运动都非常好，还可以多去户外走一走，看看风景，多接近大自然。”

“好的，谢谢你，但我确实没有勇气走出去……不过老师，你刚刚讲得很对，我要先迈出一步，否则我总是在给自己设置障碍。”茉茉终于表示可以开始行动了。

“那我们今天就聊到这里，好不好？你也早点休息。”我听到茉茉的情绪稳定了，我建议结束对话。

“好的，谢谢老师，再见。”茉茉挂断了电话。

接线员手记

人人都想有快乐的童年，茉茉也是，但她的童年有着深深的遗憾。虽然现在茉茉 29 岁了，是个落落大方的美丽姑娘，别人从她的外表来看会觉得她是一个很阳光自信的人，但其实她内向、敏感、多疑，也没什么朋友。心中的悲伤、自卑和抑郁常常萦绕着她，甚至有时会让她觉得自己是个累赘。茉茉总是问自己：“我活着有什么意义？我活着有什么价值？”她很少和别人聊起自己内心的想法，觉得说出来会被别人看不起，而且也没有多少人能理解她，只会徒增困扰。

心理援助热线无法一次解决茉茉的问题，我只能通过反馈自己所看到的，让茉茉对自己有更多的觉知。虽然我们无法改变童年的经历、无法改变自己当时的想法，但我们可以选择采取行动，掌控未来的生活。经过一番对话，茉茉开始计划去做一些尝试。尽管在尝试的过程中，类似“别人看不起我”“别人不喜欢我”“我太糟糕了”的想法和评价还是会不自主地跑出来，但这些只是存在于头脑中的想法，而不是事实。这条路很长，需要耐心。

妈，我把茉茉送过来了。
外婆也更爱姐姐吧。
还是你聪明！
瞻前顾后
沉闷
敏感
周围的人好像都不喜欢我。
内向
想太多
不爱讲话
孤僻
接触大自然，自由呼吸的感觉太好了，谢谢心理援助热线老师的建议。
1
2
3
4

第六部分
心灵风暴

未被表达的情绪永远都不会消失，它们只是被雪藏了，有朝一日会以更汹涌的方式爆发出来。精神障碍患者的情绪体验就像海啸，背后都会有一段刻骨铭心的遭遇。面对达到疾病诊断标准的来电者，优先推荐的是鼓励其接受医学帮助。

第 17 章

我最近暴瘦了 10 斤

抑郁症是一种常见的精神疾病。在全球范围内，共有超过 3.5 亿人患有抑郁症，遍布各个年龄段。一位抑郁症患者曾讲述他的切身感受："你不能将其一举击溃，让它永远不再回来。它与你如影随形，时时刻刻笼罩着你——它是你踢不走的室友，是你不能置若罔闻的声音，是你似乎无力逃脱的感受。最令人恐惧的是，经过一段时间，你将会对它麻木不仁。"在以自杀闻名的日本，10 多年来，每年有 3 万多人自杀，其中很大一部分是抑郁症患者。每年 5 月，日本抑郁症患者会突然增多，因此抑郁症通常被称作"5 月病"。这是因为每年 4 月是新年度的开始，很多年轻人走上工作岗位时极为惶恐，工作一个多月就出现了抑郁症状。

这一天和往常一样，刚刚接完一通来电，热线电话又响了起来。

"你好，这里是杭州市心理援助热线。"我热情地和来电者打了招呼。

在心理热线中，双方看不到彼此，但我希望能让对方感受得到我的热情，所以说话时的语速、语调就显得尤为重要。

电话那边久久没有声音，我再次打招呼："您好，这里是杭州市心理援助热线，有什么可以帮到你？"

这时，我听到了一阵轻微的啜泣声，听起来像是一个年轻女孩的声音。我静静地陪伴着她，她又哭了一会儿，才慢慢平静下来。

“你好，你可以介绍一下自己吗？”我开始了解她的基本情况。

“我觉得我得了抑郁症，但家里人都说不是。”对方回答。

“嗯，你今年多大了？你希望我怎么称呼你呢？”我问。

“25 岁，小莹。”对方简短地回答道。

经过沟通，我了解到小莹刚大学毕业，因为学校一般，工作不好找，现在打算考公务员。最近发生了一些事情，让她感觉自己快要坚持不下去了，怀疑自己得了抑郁症，但她的家里人都说不是。

“你说的这种抑郁情况持续多久了？”我想评估她症状持续的时长。

“三个月了。”

“你对自己原来喜欢的事情不再感兴趣了吗？”

“是的。”

“你会觉得自己是个没有价值、没有用的人吗？”我继续评估。

“嗯，我还在网上做过关于抑郁症的评估量表。”

“评估的结果是什么？”

“显示重度抑郁。”

“你最近食欲怎么样？”我想评估小莹的生理功能是否出现了异常。

“吃不下，每天吃得很少，最近暴瘦了 10 斤。”小莹的声音有气无力的。

抑郁症的典型症状包括情绪低落、兴趣减退或快感缺失、思维迟缓，三无症状（无用、无助、无望）。严重的还会出现自杀观念和行为①、睡眠障碍，饮食及体重障碍，性功能障碍及其他非特异性躯体症状。

根据小莹的反馈，她的症状非常符合抑郁症的表现，因此我需要和她确认，她是否去医院就诊过。我问道：“你去医院看过吗？有明确诊断吗？”

小莹回答道：“看过，医生给我开了治疗抑郁症的药。”

“去医院就诊后，你的情况有好转吗？”

① 有报告指出，重度抑郁症患者自杀的概率比普通人高 20 倍。

“刚开始吃那个药还挺管用的，后来就不管用了。我现在每天晚上都失眠，只能睡一个多小时。我每天都在想，我要以什么方式告别这个世界，但是，我也很害怕。”

从小莹的表现来看，我怀疑她后续没有继续就诊，于是和她确认道：“你后来去复诊过吗？”

“没有，感觉没用。”

“你刚才说不想活了，是否做过具体计划，或者有过实际行为？”我问道，想要评估她的自杀风险。

“我在网上查了很多种方法。有一次，我计划好了，并跑到了外地，但是家里人发现我反常，就把我接回来了。”

我再次询问她的既往自杀史：“你以前是否有过自杀或故意伤害自己的行为？”

“有过。”

按照工作规范，遇到有自杀风险的来电者，需要评估既往自杀行为史、现有自杀观念、自杀计划和自杀行为。根据刚才的对话，我得知小莹有过自杀行为史，现存在自杀观念和计划。

“能具体说说吗？”我需要知道更多的信息和一些具体情况。

“当时在学校，我故意没去上课，打算从八楼窗户跳下去。”小莹平静地说道。

小莹最终没有实施，我觉得这背后肯定有一些力量在支撑着她，我希望能从中找到她的资源。我问道：“后来是什么原因让你没有去自杀的？你当时想到了什么？”

“我想到了妈妈……”小莹哽咽着说，“要是我死了，她一定会难过。”

“是的，如果你真的出了什么事，你妈妈有可能也活不下去了。除了这一次，还发生过吗？”我引导小莹对自己的生命负责，也对家人负责。

“我一个月前还吞过一个鸡蛋，我在网上看，说吞鸡蛋会让人无法呼吸。”小莹吞吞吐吐地说。

了解来电者自杀的时间、频率很重要，尤其要弄清楚这是来电者有计划的还是冲动的。我为小莹做了自杀风险评估量表，小莹目前评分 4 分，需要密切观察。

我追问道："最近还发生过这种事吗？"

"后来我就没这么做过了，但是我的情绪一直不好，吃不下、睡不好，体重下降得厉害。"

"0~100 分，你对未来的希望可以打多少分？"我问。

"10 分。"小莹沮丧地说，对未来的希望感非常低，"我觉得我没救了。"

"你生活中发生过什么重大的事件吗？"我想了解小莹的生活经历，因为有些人的抑郁状态与其生活事件相关。

"我爸爸在一年前因肺癌过世了，我感觉天都塌下来了。"小莹说。

我安慰她说："父母离世对每个人来说都是一件大事，你家里现在还有哪些亲人呢？"

"还有妈妈、哥哥，但我还不如没有这个哥哥——他从未把我当成妹妹，经常骗我，还骗我去给他贷款。我觉得我和他都有罪，因为在我爸爸去世的时候，我和哥哥都没能回去。"小莹陷入内疚和自责，觉得对不起爸爸。

"听起来你和你哥哥的关系不太好。"我回应道。

"是的。我太笨了，我被他骗去贷款，欠了很多钱，我真没用。"小莹陷入自责之中。

"你和妈妈的关系怎么样？"我问。

"我觉得对不起我的爸爸妈妈，没有好好照顾他们。毕业两年后……我妈妈出事了，她从楼梯上摔下来骨折了，我回去照顾她。我特别恨自己当时没有去考公务员，以至于后来都没有机会再去考了。"小莹说起以前的事，更多的还是自责、后悔。

"你现在是和妈妈住在一起吗？"我问道，以便寻找小莹的社会支持。

"没有，我住在亲戚家。"

小莹的回答让我有点意外，我问道："你为什么没住在自己家里呢？"

“我妈妈安排的，我也不太清楚。”

“你在亲戚家住得还习惯吗？”

“他们对我挺好的，但我待在那儿很不舒服，还是想回家，所以我每天都和妈妈打电话。”

“那你在亲戚家会做些什么呢？”

“打扫卫生、洗碗、做饭之类的，做很多家务活。”

虽然我不了解小莹的妈妈为什么把小莹安排在亲戚家里住，但从小莹的回答来看，她缺乏相应的社会支持。她的哥哥不仅没照顾她，还骗她贷款。她每天都给妈妈打电话说自己想回家，却仍要寄居在亲戚家。

“你有比较要好的朋友吗？”我继续询问，除了家人，同伴也是一种社会支持资源。

“我几乎没什么朋友。”

“有没有可以聊一聊的同学呢？”我问。

“有，不过我们聊得也不多。我有个同学的老公也有抑郁症，她跟我说，这个病是治不好的。”

“你是否定期去看医生呢？有没有比较信任的医生呢？”我继续询问其他支持。

“我觉得那个医生不太愿意和我说话，他看我时的眼神不友好。”

我感觉小莹像一叶扁舟在暴风雨中前行，四周黑漆漆一片，没有领航灯，也没有同行者，她觉得自己不被人喜欢，看不到未来的希望。

“小莹，我非常希望能帮到你，我们这条心理热线是 24 小时开通的，如果你想找人聊聊，就可以拨打这个电话。”我尽自己所能，想为小莹提供一些资源。

“谢谢你。”小莹说。

“今天我们聊了很多，我想和你分享一些关于抑郁症的注意事项。你得了抑郁症并不可耻，这不代表你是有问题的，而是你的心灵感冒了。如果接受了规范治疗，那么你是可以康复的。所以，你还是要定期去医生那里，找一个你认可的医生，规律服药，缓解病情。”

“好的，谢谢。”小莹说。

“你需要我给你妈妈打个电话吗？”我说。

“不需要。”小莹拒绝了我的提议。

“小莹，你目前的情绪状态确实不好，我在想，你愿意给我们打电话也是希望自己能有所改变，希望得到帮助。我希望你不要再伤害自己，自杀是别无选择的选择，可是你现在还有很多选择。如果你伤害自己，你妈妈就一定会非常伤心。你可以答应我不再伤害自己了吗？”在心理援助热线工作中，对于曾经有过自杀观念或自杀企图的来电者应高度警惕，并应反复提醒其家属和其他照料者将预防来电者自杀作为首要任务。我一直试图通过联系小莹的妈妈来帮助她，但是小莹不愿意，我也感觉鞭长莫及。

“嗯嗯，我不会了。”小莹回应道。

“那我们先来做一个小小的约定。一旦产生消极的想法，就给自己按下暂停键，深呼吸 30 秒，放松一会儿，再去觉察自己的念头。如果你还有消极的想法，就想一下妈妈，可以吗？”

“好的。”

我对她还是有些不放心，所以再次强调：“你随时有需要，可以随时给我们拨打电话。再见！”

接线员手记

小莹是一名非常典型的抑郁症患者。在接听心理热线的过程中，我们通常会评估其自杀风险。在和小莹沟通时，我一直被一种无力感拉扯着，这种无力感来自小莹。作为心理咨询师，我需要一边承载着这种无力感，与小莹保持同步；一边又要跳出无力感，帮助小莹找到资源。悲观、内心敏感的小莹，接连遇到爸爸去世、被哥哥欺骗、找工作失败，让她坚信自己是个罪人、没用的人、看不到未来的人，这些极端想法导致她一直存在着大量的负面情绪，严重的时候甚至想过自杀。

当抑郁症患者陷入情绪旋涡的时候，就像深陷在泥沼中的人，越挣扎就陷得越深，越想逃离却发现自己已被深深地缠绕，最后就像窒息了一样，深深地陷入了思维陷阱。所以，不如张开双臂，慢慢地平躺下来，用开放、接纳的怀抱去面对这份苦楚，觉察情绪的变化，用主动、愿意、允许的态度，面对消极的想法或糟糕的情绪，只需观察它、包容它、呵护它，而不是控制它、回避它、驱赶它。在与这段糟糕的体验保持距离的时候，就会发现自己已经逃离了泥沼，找到了那个充满生命力的自己。

项目经理
需要工作经验
考公 考研
企业文员
市场营销
1
哥哥骗我去给他贷款。可恶！
借我点钱
抗抑郁药
2
抗抑郁药
3
系统的治疗对于抑郁症的改善很有帮助。
在心理援助热线老师的建议下，我第一次走进心理门诊。
医生，我应该怎么做？
心理门诊
4

第 18 章

我的身体里住着四个“我”

当一个人变得和平时不一样或伪装成另一个人时，我们会说这个人“人格分裂”；当一个人心里有矛盾冲突时，也会自嘲“我要人格分裂了”。“分裂”代表着冲突和不协调，其实在医学上并没有“人格分裂”这一诊断，我们平时所说的“人格分裂”更多的是精神分裂症、分裂样人格障碍或多重人格障碍。电影《分裂》(*Split*)根据真实事件改编，讲述了凯文患有精神分裂症，他被精神病医生诊断出有23种多重人格身份的故事。影片深入探索了精神疾病的复杂性和影响。凯文患有多重人格障碍，其内心世界的混乱和人格的转变给他和周围的人带来了巨大的困扰和挑战。影片也引发了观众对于身份认同和内在自我的思考，思考个体在不同身份间如何找到平衡和统一。它不仅带给观众紧张刺激的观影体验，还引发了人们对于心理主题和精神疾病的深入思考和讨论。

今天又是平常的一天，听到电话铃声响起，我礼貌地和对方打招呼：“你好，这里是杭州市心理援助热线，有什么可以帮到你？”

“你们是干什么的啊？”来电者语速缓慢，声音低低的，有点鼻音，像是刚刚哭过一样。根据她的声音，我推测对方是一名年轻女性。

我回答道：“这里是心理援助热线，可以做简单的心理咨询。”

对方好奇地问道：“我搜了一下‘割腕’，为什么会出来这个电话？”

我向她解释道："这是搜索引擎的一个保护功能。"

在网上搜索"割腕"等自杀高危词时，有的搜索引擎会自动弹出全国 24 小时心理援助热线电话，这是心理危机干预的一项保护措施，能为处于极端情况下的人提供一个求助渠道。

对方问道："那你会跟我说些什么呢？"

来电者在拨打心理援助热线之前搜索了"割腕"，说明她可能已经产生了自杀意念，还可能付诸行动，在看到心理援助热线电话后拨打过来，可能是出于好奇，还可能是她最后的那一丝求生的欲望。

"我想你一定是遇到了让你很痛苦的事情。我们可以先互相认识一下，你可以称呼我张医生或张老师，我怎么称呼你呢？"我试着先和对方建立联结。

"张老师好，我叫张莉。"对方回应道。

"那我们还是同姓了。你现在多大年纪？是上学还是工作呢？"我在了解信息的过程中尽量让语气保持柔和，以免给张莉造成不友好感。

"25 岁了，已经工作了，是一名服务员。"张莉回答。

"读书读到什么程度呢？"

对方沉默片刻后回答道："大学退学了。"

退学对她来说是一个负性事件，显然她不想说太多。究竟是什么原因导致她无法完成学业，现在又不想活了呢？

"你家里都有哪些人呢？"我进一步了解了她的家庭结构。

"爸爸、妈妈、弟弟，但他们都对我不好，也不管我的死活。"张莉回避谈及家人，可见其家庭关系不佳。

"你结婚了吗？"我问。

"还没。"

"有男朋友吗？"

"有，男朋友对我挺好的，但他不懂我，我感觉很孤独。"张莉说，感觉没人能够理解自己。

“你能多介绍一下你的家庭情况吗？为什么他们对你不好呢？”我继续了解张莉的家庭关系，通常来说，心理疾病与家庭关系密切。

“我爸妈重男轻女，不喜欢我。”

经过了解，张莉出生在南方农村的一个普通家庭。父母结婚时，完全是因为双方都到了适婚年龄，奶奶出面撮合，就在一个屋檐下过日子了。受农村风俗影响，张莉的父母刚结婚就开始要孩子了，如果头胎是男孩，那就是光宗耀祖的事，做母亲的脸上也有光。结果，张莉的妈妈在怀孕后发现是个女孩，竟然狠心选择了流产。

然而，这件事并没有打击他们的积极性，很快就怀了第二胎，而且是一对双胞胎，这个检查结果让张莉的父母喜出望外。经过十月怀胎，两个小宝宝终于要与世界见面了，但意外又出现了——医生告诉他们难产，只留住了一个。留住的这个孩子就是张莉。后来他们才知道，另一个没能留住的孩子是个男孩。

自从张莉来到这个世界上，身边的人几乎没有一个是欢迎她的。妈妈觉得她是个克星，克死了她的双胞胎哥哥。家里的气氛也慢慢开始变得很怪异，父母吵架也越来越多，有时候还会动手打架。两年后，妈妈又怀孕了，而且这一胎是个男孩。弟弟出生后，张莉的地位直接跌到谷底。妈妈在带弟弟的过程中，要是有什么不顺心，就会狠狠地打张莉一顿。

张莉 15 岁那年，父母终究还是离婚了。但是他们都不想抚养她，最后狠心地把她丢给了奶奶。奶奶看她可怜，便担负起照顾她的责任。

了解完张莉的家庭背景，我把话题转到当下。我说道：“听了你童年的遭遇，我为你感到难过。你能告诉我你现在为什么想自杀吗？”

“因为我很没用。我不该来到这个世界上，我是多余的，我父母往死里打我，他们喜欢弟弟，不喜欢我，因为我是女孩。”张莉话语中带着痛苦。

我意识到张莉的消极认识严重，试图唤起她的求生意识：“你打这个电话的原因是什么？是想寻求帮助吗？”

“我就是想试试，看看能不能打通。我感觉有一个恶魔始终缠着我，让我喘不过气来，我多次想到自杀，身上伤痕累累，我知道自己出问题了。现在手上的旧伤已经好了很多了，要是再有那种伤估计就会被开除了，所以我想看看有没有其他办法。”张莉说。

张莉能打来电话，说明她有求助的动力，但我还需要和她确认她的伤具体在什么地方、是否致命。我关心地问道：“你的伤在哪里？伤得重吗？”

“手臂，是我用刀割的，都已经好了。”

听到都是旧伤，我松了一口气，然后继续问道：“割的时候你在想什么？发生什么不愉快的事情了吗？”

“我不想让自己轻轻松松地死掉，我想让自己死得痛苦一些，不想和别人一样，一刀就那么死了。”张莉描述了她自杀的动机。

张莉曾反复出现自杀意念，并多次割伤自己，虽然她暂时没有自杀成功的危险，但是伤害自己成了她惩罚自己的手段之一。张莉对自己有强烈的谴责和憎恨，对于“我没有用”“我活着就是累赘”的信念深信不疑。在父母长期的冷落和虐待下，她逐渐形成了“我不应该来到这个世界上”“我是父母的拖累”的自我评价，她已经看不到自己还有其他的可能性了。

有利的部分是，她有一个男朋友，目前她还在工作，虽然工作效率低下，但仍在坚持，老板也没有开除她。这些心理资源和社会资源成了她的救命稻草。我似乎看到了一个深陷泥潭、看不到希望的女孩，她大口地张嘴呼吸，只为了让自己能活下去，但不知道什么时候才能得救。

“你去医院看过吗？医生的诊断是什么？”我希望了解张莉的就诊史。

“看过，医生说我是精神分裂，有四个人格，就是一个肉体中住着四个灵魂。”

我进一步询问道：“是哪四个灵魂呢？”

“哥哥、姐姐、妹妹和我。”

听到这里，我担心张莉把想法和现实混在一起了，我想澄清一下：“你有哥哥和姐姐吗？”

“没有。”张莉回答。

“你有妹妹吗？我刚刚只听到你说你有一个弟弟。”我跟张莉确认她说的内容，试图弄清楚这四个灵魂的特征。

“那个妹妹是小时候的我，那时候我总被别人欺负。”

“这个妹妹多大了？”

“六岁。”

我跟她确认道：“你是不是感觉自己还停留在六岁？”

“嗯，那个灵魂停留在六岁。”

我继续问道：“那这四个灵魂中的哥哥、姐姐分别是谁？”

张莉解释道：“他们都是妈妈之前怀的孩子，姐姐是她打掉的第一个孩子，哥哥是我出生的时候死掉的那个孩子。”

我确认道：“哥哥和姐姐都是你家之前没有活下来的孩子。”

我继续询问张莉是否有幻觉、妄想等精神病性症状（比如，耳边语或不安全感等）。由于通过电话只能了解到来电者的一部分情况，因此我只能选择性地提问，试图用这短短的时间更多地帮到她。我问道：“有没有感觉不安全？是否感觉有人要害你？”

“有。”

我追问道：“谁想害你？能具体说说吗？”

“姐姐——就是我其中的一个灵魂，她一直想让我死掉。”

“在你一个人的时候，有没有感觉到耳边有人和你说话？”我问，幻听也是精神症状的一种。

“我小时候觉得周围有很多和自己一样大的孩子，会和我嘻嘻哈哈的，还会和我说话。长大之后，那些小孩子都变成了很凶的大人，而且都是男的。”张莉描述得不是很清楚。

我需要确认张莉的现实检验能力：“这些孩子是你想象出来的还是现实存在的？”

张莉回答道：“应该是我想象出来的。”

我再次和她确认："在你身边没有人的时候，是谁在和你说话？"

"我的哥哥姐姐。"

我需要评估张莉的自知力："你觉得这样正常吗？"

"不正常。"

"既然你觉得不正常，那么你有没有向他人寻求帮助呢？"我推动张莉寻求帮助。

"没有，我不想，如果我不是现在这样，那么我估计我会压力更大，也会更累。"

听起来，张莉并不排斥她的其他人格。我继续询问道："为什么会压力更大、也会更累？"

张莉说："因为现在面对一件事的压力，我可以分成四个人去承受。"

"那你现在是否规律服药？"我问道，想确认张莉有没有接受治疗。

"没有，我不想吃药。"

"为什么不想吃药呢？"

"说不上来，反正就是不想吃药，不太想治疗。"

我问道："你发作的时候有什么症状呢？"

张莉描述她发作时人格解体的体验："我好像是被人拉到了肉体的背后或旁边，然后在那里看着。我一旦发作起来，我的眼睛就不是我自己的了，好像是被别的人用了；嘴也不是我的，我所说的话都不是我要说的；头特别疼，好像有一根神经从左边的太阳穴穿到了右边的太阳穴……我被别人操控着！其实，我还有很多不知道的人格，他们连名字都没有。"

"你会经常发作吗？"

"在我一个人的时候经常会发作。"

"发作一次会持续多久？"

"不一定，久的话一个多小时才能慢慢安静下来，快的话十几分钟吧。"

从张莉的回答来看，她的幻听、妄想症状有现实基础，有部分自知力，知道自己的状态不正常，但很无助；她的情绪低落，思维迟缓，自我评价低，有明显的自伤风险。张莉与几个兄弟姐妹的人格角色的关系是：人格中的姐姐对她不太友好；人格中的哥哥和现实中的弟弟与她的关系未提及；人格中的妹妹是她小时候的缩影。由此可以推测出，父母对她投射了尚未出生的姐姐和哥哥角色。张莉通过子人格的方式对多种角色进行了分离，以维持心理世界内部的平衡，如同她自己所说的，“压力由四个人承担”就如同一个容器，装下了很多不属于她自己的东西，这种人格分裂其实是她的一种防御保护机制。

前面评估了张莉的家庭背景和疾病症状，接下来我希望能找到一些社会支持系统，询问道：“一个人活在世上，肯定有些值得留恋的人和物，你身边有哪些人是让你留恋的？”

“没有什么值得留恋的。人类这种东西，都该死，弄那么多医院干什么，可真好笑。”张莉发出一阵冷笑。

“你为什么觉得很好笑呢？”

“人类就该自生自灭，用医院这种东西拯救人类干吗？医生给我诊断过的，说我是因为家庭的原因——我爸妈离异后各自成家，他们都争夺对弟弟的抚养权，却没人管我，可是我才不在乎呢！”张莉用无所谓掩盖内心的愤怒情绪。

“你之前说你是由奶奶带大的，你和奶奶关系好吗？”我继续寻找她生命中重要的人和事。

“奶奶对我很好，要不是我想守她到最后，我早就不想活了。”

看到张莉对奶奶还有牵挂，我便引导她多谈谈奶奶的事情，想借此燃起她的求生欲望：“你奶奶现在身体还好吗？你会经常回去看她吗？”

“奶奶现在 70 多岁了，身体还行，我偶尔回去看看她。我的状态不好，也不想让奶奶担心。”

“趁奶奶还在，你还可以为她做点什么吗？”我暗示张莉。

张莉没有回应，但我能感受到她在电话的另一头若有所思。她一直活在自己的黑暗世界之中，都没有看到身边人的需求。

我问道："你现在和谁一起居住？"

"我在外面住，一个人。我爸妈都有各自的生活，他们谁都不需要我。"

"刚刚听你说，你男朋友对你挺好的，可以聊聊他吗？"

"他人是好的，可是他也不懂我，他当我是发脾气……现在我们是异地恋……我一发脾气他就挂电话，然后就跟我冷战，说是让我自己冷静冷静……可我那不是发脾气，而是精神分裂症发作了！"张莉断断续续地说，感觉她把疾病发作当成了一个工具。

"如果你男朋友能在你身边，也许会好一些。"我说道。张莉需要感受到爱，这对她男朋友来说也是一个非常大的考验。

"嗯，是的。"

"张莉，你的童年经历听了让人心疼，非常希望你能遇到爱你的人，但你也要学会爱自己。"我希望能唤起她的动力。

"我什么都干不了，我就是个累赘。"

"你看，你虽然感到痛苦，但还在努力工作，你已经很棒了。"

"我当个服务员也只是勉强让这个肉体活下去啊！其实我一直都想自杀。"张莉说，又陷入了绝望的泥淖中。

"虽然你一直想自杀，但你还是坚持下来了，这一点非常不容易。"我发掘张莉的闪光点，"我们虽然不能决定手上拿什么牌，但我们可以决定如何出牌。你现在才 25 岁，一切皆有可能。"

我知道这些话在张莉听起来可能就是心灵鸡汤，她现在对未来看不到希望，唯一的牵绊估计就是奶奶和男朋友了。我们的工作就是让人在绝境中看到希望。

"我们心理热线是 24 小时开通的，如果你想找人倾诉说话，就可以给我们打电话，我们会一直陪在你身边。"临近结束，我再次把心理援助热线作为资源提供给张莉，希望她能感受到一些温暖。

接线员手记

这通电话让我的心揪在一起，我很想帮助这个被病魔折磨的女孩，可我知道，我能做的也十分有限，尤其是对于病情复杂的患者。通过此次来电，我得知张莉的家庭支持系统比较差，父母对她疏离、虐待、抛弃，男朋友也不理解她，导致她缺乏安全感、极度自卑，多次割腕。她觉得自己不配活着，割腕更像是一种惩罚，让自己更加痛苦地活着能让她感觉舒服一些。此外，我也看到了她有一些资源，奶奶是她的依靠，张莉也能去工作；而且张莉还是有动力的，曾多次求助医生，包括这一次打心理援助热线。虽然她认为自己没有得到有效治疗，但她其实一直在寻找一个可以真正理解她的人，无论是男朋友还是医生。在心智层面上，张莉意识到世界上没有谁可以真正理解她，这种诉求带来的挫败也让她更加封闭自己。如果有良好的支持系统，她就有可能得到及时治疗，可她的家庭环境又偏偏那么糟糕。心理援助热线能帮助来电者的毕竟有限，所以我还是希望张莉能去住院接受系统治疗。

动物园
妈妈只爱弟弟吧……
1
你为什么不理解我？
你就是想太多，没用的。
2
我的生活陷入了混乱，身体里有四个我。
3
好怀念和奶奶在一起的时光。
4

第 19 章
我想朝那辆车撞上去

虽然心理援助热线是24小时的，但是通常到了凌晨3点以后，来电会相对少一些，接线员可以闭目养神。

在一个值班的清晨，我斜躺在折叠椅上，半睡半醒地睁开眼，天已经亮了。我想起前几天晚上11点多，我的一个在大厂做程序员的朋友雷子给我发微信说，人事找他谈话了，如果一个月后业绩还没有达标就会被辞退，他需要重新找工作。他为此感到焦虑，问我有没有时间跟他聊聊。这段时间，关于大厂裁员的新闻很多，他时常在晚上11点甚至更晚给我发消息，等我看到的时候已经是次日的早上了。我对雷子的印象是，有些情感淡漠、表达迟缓、兴趣爱好很少、家里很乱。他说，工作压力大再加上独自一人在杭州，他也没有什么疏解的好办法，他和公司聘请的心理咨询师聊过，也去医院精神科就诊过，吃过抗焦虑抑郁的药，还做过经颅磁刺激治疗，有时有效果，有时效果甚微。我不禁感慨，热线那端的人可能就是我们身边认识的人……我思绪盘旋，简单地在值班室用冷水洗了把脸，醒了醒神。从窗户向外看去，另一幢病房楼的走廊里已人头攒动，新的一天又开始了。

热线电话响了，我回到座位戴上耳机话筒："你好，这里是杭州市心理援助热线。"

"你好，我觉得自己每天都想死。"一个低落的女声传进来。

莫非又是抑郁症危机热线？春天来了，抑郁症多发，主要是因为患者对气温、气压、湿度等天气变化非常敏感，容易引起大脑激素分泌紊乱。

我问道："是什么原因让你有这种想法的？"

她回答道："工作干不好，什么都干不好，觉得自己很笨。"

我开始了解她的基本信息："请问你是做什么工作的？"

"会计。"

"多大了？"

"26 岁。"

"什么文化程度？"

"大学本科。"

"你希望我怎么称呼你？"

"你叫我玲子吧。"

"哦，玲子，你好，请问你工作多久了？"称呼对方名字往往可以增加亲切感，还可以适当地将对方从颓丧的情绪中暂时拉回来一些。

"两年半，快三年了。"

"你是从什么时候开始发现自己每天都想死的？"

"大概两三个月前吧。"

来电者最近出现情绪异常，此时需要区分她是否有创伤后应激障碍（post-traumatic stress disorder，PTSD），这是一种由突发性灾难事件或自然灾害等强烈的精神应激引起的疾病，其主要症状是创伤再体验、警觉性提升、回避或麻木，部分患者还会出现伴随症状（比如，睡眠障碍、抑郁、药物滥用等问题）。比如，在汶川大地震、新型冠状病毒疫情盛行时，支援医疗队包括心理医生前往灾区或疫区，为当地人民提供创伤后应激障碍的心理援助。

我问道："最近是否发生了什么特别的事？"

玲子哭着说道："没有，就是不开心。感觉工作做不好，变难了。"

"是工作内容发生变化了吗？"

“没有。”

“那你为什么会感觉难度增加了？”

“因为工作时间长了，就会提高工作难度。”

我回应她：“嗯，大多数工作确实会随着工作时间的延长而提高难度，但这也可能是人们自我价值提升的时机。在你现有的工作中，是否有什么工作内容是你之前没碰到过的？”

“就是很害怕。”玲子的语气中透着一丝恐惧。

“害怕什么？你遇到的问题可以从一些书中找到答案吗？”

“我脑子很混乱，不想看书。”

为什么脑子很混乱？我心里种下了这个疑问。问道：“玲子，你最近有没有出现注意力无法集中、整天愁眉苦脸、唉声叹气这样的情况？”由于一开始玲子提到每天都想死，所以我拿出危机热线评估表（其中包含抑郁量表部分内容），希望排查一下她自杀的风险，试图无违和感地根据评估细则询问。

“有，就是什么都不想看，好像也不知道自己喜欢什么。”

“你会不会责怪自己？觉得自己拖累了别人？”

“有，甚至都不想吃饭。”

“睡眠怎么样？”

“之前总是睡不醒，还总做噩梦，梦到自己摔下去了。这段时间好一点了。有时候，我真希望自己再也不要醒过来了。”

在心理援助热线接线工作中，听到来电者说想死后，需要辨别真伪。接线员需要尽量多采集基本信息，最好及时、巧妙地了解来电者所处的位置，判断其是否安全、神志是否清楚、自知力如何，还要获取其紧急联系人的联系方式。通过询问症状类型/时间、他人的评价、饮食睡眠、思维反应、重大事件、自杀家族史等进行抑郁等级评估。抑郁自评量表（self-rating depression scale,SDS）由宗（Zung）于1965年编制，提出反映抑郁状态的特异性症状如下：

- 精神性-情感症状，包括抑郁心境和哭泣；

- 躯体性障碍，包括情绪的日夜差异、睡眠障碍、食欲减退、性欲减退、体重减轻、便秘、心动过速、易疲劳；
- 精神运动性障碍，包括精神运动性抑制和激越；
- 抑郁的心理障碍，包括思维混乱、无望感、易激惹、犹豫不决、自我贬值、空虚感、反复思考自杀和不满足。

汉密尔顿（Hamilton）于 1960 年编制汉密尔顿抑郁量表（Hamilton depression scale,HAMD），是目前临床上评定抑郁状态时应用最为普遍的他评量表，分为 17 项、21 项和 24 项三个版本。

我对玲子目前状态的评估结果是，她表现为情绪低落、无助，感觉自己很混乱，虽有强烈的轻生念头但未实施，未引出幻觉、妄想等阳性精神症状，自杀风险评估中到重度抑郁。她难以胜任工作，对自身疾病有一定认识（即有自知力）。热线需要聚焦本次来电的主要目标，而评估过程可能贯穿整个来电对话中。

玲子还跟我描述了她做的噩梦——梦见自己摔下去了。关于梦的研究，也有很多流派和学说。19 世纪晚期，精神分析师西格蒙德·弗洛伊德（Sigmund Freud）发展出一套理论，认为梦是由无意识意愿的满足所驱动的。他将梦称为“通往无意识的康庄大道”。他认为，重要的无意识欲望往往与童年时的记忆和经验有关。他将梦境分为显性梦境（manifest dream-content）和隐性梦境（latent dream-content）：隐性梦境与潜意识深处的愿望或者幻想相关联；显性梦境则流于表面，缺少意义。在热线中，可能不适合与来电者对梦展开详细工作（因为有时间限制，且仅仅是靠电话交流），于是我进一步就玲子的梦和感受询问：“这个梦对你来说有什么意义吗？有没有发生什么事情？”

“最近一段时间，我总是在网上看一些新闻……前些天，有一个韩国明星自杀了，我自己又不敢……”玲子一直哭哭停停。

我向她澄清：“你是说，你有想法但不敢去做？”

“嗯。”

我继续问道："你之前有没有过自杀行为？"

玲子脱口而出："我在马路上看到汽车后很想撞上去。"

我亦穷追不舍："那你有没有撞？"

"我很胆小，我不敢，但我专挑危险的路段走。"

听起来，玲子不敢主动自杀，但有制造被动自杀危险情境的想法。对于她来说，这是一场生本能和死本能的较量吗？

我继续问道："你周围的人有没有感觉你的情绪发生了变化？"

"我没表现出来吧。"

"他们没发现你有任何变化吗？"

"我这个状态持续好久了，一直没什么精神。"

我之所以询问她周围人的反应，一方面是想评估她情绪状态异常的程度，另一方面是想探查她的社会支持系统。听了她的描述，我联想到朋友雷子给我的感觉——整个人被迷雾笼罩，慢悠悠的，缺乏正向表达和向前冲的力量。

我又问道："玲子，根据你刚才描述的情况，我在评估后认为你至少有抑郁情绪，但至于你是否患抑郁症，还需要你去医院里做相关的详细检查，经过专业的精神科医生看过后才能确诊。如果是疾病对你造成了困扰，只要配合治疗就有办法好转的。你之前就诊过吗？"

"看过，去了医院的心理科。"

"医生怎么说？吃过什么药？做过什么治疗？"

"给我开的文拉法辛和甜梦口服液。"①

"你吃了多久？"

"两个月。"

"有什么改善吗？"

"头不那么疼了。"

---

① 文拉法辛用于治疗抑郁症和广泛性焦虑障碍，甜梦口服液则是改善睡眠、脑功能减退的中成药。

“其他呢？”

“其他没有。”

“药物可以改善你的情绪。现在是春天，万物生长，建议你在天气好的时候去户外进行适当运动，可以帮助你释放压力、缓解情绪，你觉得怎么样？”

“可我就是什么都不想干。”玲子消极地说。

这句话真耳熟，雷子也跟我说过。比如，在休息的时候，我会去喝茶、聚会、上夜校兴趣课或是在周边来一次徒步一日游，他对这些都不感兴趣，只是偶尔会去公司的健身房游泳。

我鼓励她道：“玲子，希望你能多鼓励自己，给自己一个变好的机会。”

“反反复复两三回了，好不了了……”玲子的哭声又大了些。

“最早是从什么时候开始的？”

“去年，我那时还做过物理治疗。”

“今年呢？”

“今年物理治疗效果不明显。”

“你和医生聊过吗？”

“我和医生聊过，但我今年感觉压力特别大。”

“如果你没有抑郁情绪，那么你觉得能胜任现在的工作吗？”我试着剖析现状。

“好像也不行。”

“是因为这个工作对你来说难度太大，无法解决某些问题吗？”

“嗯。”

“你想过换一个能胜任的工作吗？”

“没想过，我觉得我什么都做不好。”

在针对抑郁症的治疗中，由于疾病症状会影响人的正常工作和生活，因此通常建议结合药物和物理治疗，再加上心理咨询以达到临床痊愈。

对于玲子，我希望再了解一下她的社会关系，看看能否去接受正规治疗。我问道："玲子，你现在在哪座城市？"

"X 市。"

"成家了吗？"

"没有。"

"有男朋友吗？"

"有。"

"你男朋友知道你的这些情况吗？"

"不知道，我觉得自己很莫名其妙。"

"在你的同学和朋友中，有没有人和你一样，都是做会计的？"

"有。"

"你在工作中遇到的难题，别人有没有遇到过？"

"没有。"

"你和他们沟通过吗？"

"没有，我觉得他们都干得挺好的。"

"如果他们遇到了你遇到的那些难题，你认为他们会如何解决？"

"我觉得是自己变笨了，就算这次把问题解决了，下次再遇到时也还是不会，感觉自己什么都记不住。别人好像就不会遇到这方面的问题。"

"你觉得如何才能记住呢？做一些笔记是否对你有帮助？根据我对会计工作的了解，可能很需要在工作中积累经验。"

"嗯。"

"你有没有发现，抑郁状态可能会影响一个人处理事情的思维、反应、情绪，且难以应对的工作又会加重抑郁状态，形成一种恶性循环？"

"我觉得自己压力很大。每周一一上班我就感觉自己很压抑，特别想死。"玲子又一次提到想死。

"回家之后呢？"

"回家之后就没有这种感觉了。在公司，感觉人很混乱。"

接下来，我通过问她与男朋友、同学、朋友等人的互动情况来了解玲子的支持系统和资源，看看是否能找到解决方案。我试图向她解释，工作上的问题可能不是能力的问题，而是抑郁本身影响身体和思维反应的问题，需要先控制疾病。

玲子主动告诉我："前几天元旦放假，我就待在家里，哪儿也不想去，谁也不想见。"

"你这么做，感觉如何？"

"我更郁闷了。"

"如果你和家人、朋友一起出去玩，是否能帮助你分散注意力？这么做会不会让你感觉好一些？"

"不，我还是会时时刻刻想这些问题，我感觉自己好不了了。"

我从玲子的语气中感觉到了一丝绝望。我说道："有人说，抑郁就是心灵感冒了，如果抵抗力变差，它就会来造访，而且反反复复。"

"唉，有时候本来感觉自己已经好多了，结果一上班就又这样了，特别痛苦。"

玲子两次提到上班时抑郁情绪更严重，如果时间允许，我很想再具体化她上班的情形、遇到的难题；跟同事、领导的交流问题如何；挖掘她应对压力的资源、能力。遗憾的是，心理援助热线的通话时间是有限制的，所以我无法和她聊得那么深入。

玲子问道："总是有想死的状态，是不是就是回避？"

玲子想逃避什么呢？结合之前种下的疑问，她为什么会混乱呢？也许玲子还有很多话没有来得及说。

"你想回避什么？有句话说，'连死都不怕，还怕什么'。"

"这话我倒是听过。"她的语气中似乎有了一丝轻松。

"玲子，你看这样好不好？你先去医院接受正规治疗，把状态调整好，如果有心理疏通的需求可以接受心理咨询。工作上有不会的，可以多查阅资料，还可以虚心向有经验的同事请教，要是怕有什么记不住的就把重点记下来。"

"嗯，我就是觉得自己很混乱、崩溃。"玲子的语气中有些着急，"老师，我知道了，谢谢你。我得去上班了。”

“好，再见。”

接线员手记

挂了玲子的电话，我看了一眼表，快8点了，快下夜班了。阳光轻抚我值完夜班憔悴的脸庞，医院连廊迎面走来了一群赶着上早班的年轻同事们，嬉笑着互道早安。我真希望玲子也能尽快调整好状态，可以热辣滚烫，可以痛并快乐地活着。此时，我的手机响了，是雷子发来的微信：“这几天你什么时候有空？我月底就要去上海上班了，有时间见见面吧。”我舒了口气，这应该是柳暗花明的好消息！

玲子也好，雷子也罢，或许很多人在某个阶段会遭遇抑郁情绪的袭击。抑郁症是由各种原因引起的以抑郁为主要症状的一组心境障碍或情感性障碍，有10%~15%面临自杀的危险，长者甚至数年，且有反复发作的倾向。我不知道别人是从什么时候开始对死亡有切身的认知的，于我而言，成年之前感觉死亡离自己很遥远；工作之后，随着年纪渐长，身体有了退行性改变，有着至亲关系的爷爷、外公、外婆的相继离世，让我一次一次地体会到：死亡不遥远，是必然会发生在每个人身上的事情，且日益走近。我还很眷恋世上美好的风景、事物、情感，所以我在剩下的路途中，我知道自己应该怎么走。

待办事项
为什么工作永远做不完……
1
2
有时候，真想不顾一切朝车撞上去！
3
梦里的我在坠落……
4
抑郁症系统治疗
药物治疗
物理治疗
心理治疗
心理科

第 20 章
我觉得活着好累

有人说，双相情感障碍患者的世界就像过山车一样。他们可能上一秒还情绪高涨，下一秒就变得很低落。梵高、海明威等很多名人都是双相情感障碍患者，这也让它有了一层“天才病”的浪漫加持。

然而，双相情感障碍是自杀风险最高的精神疾病之一。根据世卫组织1990年的调查，造成伤残/早逝的前10位疾病中，有5类是精神疾病，双相情感障碍在其中排名第三。曾有双相情感障碍的患者这样描述他的真实世界：“人们都说这是‘天才病’，可是我连吃饭睡觉都做不到。仅仅是维持正常的生活，就已经耗尽了我所有的力量”。

电话丁零零地响了起来。

我接起电话，和对方打声招呼：“你好，这里是杭州市心理援助热线。”

“你好。”对方的声音低低的，有点鼻音，好像刚哭过。听起来像是个年轻女孩。

我问道：“有什么可以帮到你？”

“我……我该说什么？”对方好像很迷茫。很多拨打心理援助热线的来电者并不知道自己出于什么原因而拨打的电话，有些人可能是因为心情不好，有些人可能是在网上看到我们的电话就试着拨过来了，但他们往往都很希望能解决问题。

见到对方不知如何开口，我直接问道：“嗯，你打电话的目的是什么？”

对方沉默良久，突然说了一句："我觉得厌烦了。"

"能具体说说吗？"

对方轻声地说："嗯……对，'厌烦'这个词太笼统了，毕竟人能对任何事物都感到厌烦……嗯，我是去年年底确诊的双相情感障碍。在此之前，可能是在七八岁之前，我就受这种不良情绪的烦扰，让我感到很厌烦，而且一直都有这种自杀的念头。"

青少年是双相情感障碍的高发人群，在缺爱家庭长大的孩子更有可能患有这类疾病，双相情感障碍是青少年的第四大致残原因。由于有些身患双相情感障碍的青少年在平时未与父母建立积极的沟通渠道，因此他们可能会拨打心理热线来缓解心理痛苦。

我留意到她提到了"自杀"。在心理热线工作中，评估自杀风险非常重要。我说道："你能坚持到现在真的很不容易，你从小就被这些负面情绪困扰，最近你产生过自杀的念头吗？你伤害过自己吗？"

"自杀念头一直都有，但从来没有做过。"

由此，我评估来电者自杀风险不大，其自杀念头只是停留在最初的想法。我问道："请问，怎么称呼你？"在心理援助热线中，由于通过沟通了解来电者的个人信息很有限，因此我需要了解其基本信息，从而更好地帮助她。

"我叫谢娜。"

"你好，谢娜，你今年多大了？"我边询问，边在本子上记录她的基本情况。

"20 岁。"

"哦，你在上学吗？"

"嗯，我在上大学，现在是大一下学期。"

"你老家是哪里的？"

"S 市。"

"你是家里的独生女吗？"

"嗯，是。"

“那你现在在哪个城市呢？”

“我在 N 市读书，学校很一般。其实我上高中的时候成绩还挺不错的，但那时候我有注意力障碍，就是考试的时候很难集中注意力，所以我并不是很在乎考得怎么样，但是成绩还挺好的。”

“这说明你发挥得不错啊！”我鼓励道。

“唉……”谢娜长叹了口气，继续说道，“这只能说明当时我脑子还不错，还没有被这个病侵蚀。但到了去年年底，我的脑子就被这个病侵蚀了。”

我重复了她的话，确认她想表达的意思：“你认为这个病侵袭了你的脑子，是吗？”

“是的，我在去年曾休学一个月去看病，后来就继续回来上学了。可是，吃这个药很容易犯困，让我和室友的生物钟不一样——睡得早、醒得早，我又不想打扰别人，就搬出去了。”

我及时肯定她道：“你很会考虑别人的感受。”

“嗯，我最开始是在外面租房子，后来学校挺照顾我的，让我住那种四人套间，就是彼此的门都是关着的，谁都不会打扰别人。这也是我争取来的，但是我……我一点都不快乐，我觉得我从来就没快乐过。”谢娜表示自己的情绪一直很差，没有愉悦感。

我进一步询问：“你感觉自己现在没有上高中的时候快乐，是吗？”

“是的，我觉得我在大学过得很不好。上高中的时候，我是借读生。虽然我没有学籍，但我是班长，学习成绩很好。只是有个老师对我不太好。上大学后，一开始我的学习成绩很好，但是后来我觉得，这个病吃掉了我的脑子。有一天晚上，室友让我给她在学校的小树林旁拍照，我给她拍了，然后萌生一个想法——我想晚些时候去那里上吊。晚上室友看我还没回宿舍就到处找我，后来在小树林旁发现了我，意识到我不对劲，她就立刻联系了我父母。我老家离学校挺远的，将近 2000 千米，过两天我就被我父母带走了。”

“嗯，当时你父母一定很担心你。”我说，想让她感受到父母对她的关心。

“是的，他们带我去北京看医生，医生建议我住院。但是我和父母商量了一下就决定不住院，只是接受了一个月的心理咨询就继续上学了，没过多久还参加了期末考试。我没有为期末考试做太多准备，因为那时候我的内心是空的，什么也没有。”

医生建议住院治疗，但她只是接受了心理咨询，说明她和她父母并没有充分重视这个疾病。

“谢娜，双相情感障碍是一种精神疾病，是需要接受系统治疗的，仅仅做心理咨询是不够的……”我想给她宣教一下与疾病相关的知识，却被她打断了。

“最开始，我看起来挺正常的。其实快要高考的时候，我就已经背不了什么东西了，文科综合只考了 187 分[①]，我考上现在这所大学纯靠语数外的成绩。”谢娜继续介绍自己的一些情况。

“你父母知道你有这个情况，他们还同意你跑到这么远读书？”我心中充满疑问，上学选离家这么远的城市可能是因为她和父母的关系不好，于是在潜意识中想离他们远一点。在室友联系她的父母后，她被带离学校，之后又不住集体宿舍，既远离了父母又和室友缺乏交流，几乎没有有效的社会支持系统。

“我是不想和他们太近了，和他们在一起的时候会……可能是很厌烦？有人跟我说，要爱自己、要自私一点之类的。我说我根本不爱自己，我很讨厌自己，总是想死，我甚至觉得我现在都不是我了。因为我觉得在我生病以后，这个病带走了很多我以前的东西。”谢娜不停地诉说。

我想进一步了解谢娜的近况，问道：“你这种状态持续多久了？”

“有几天了，因为有时候也会有好事发生啊。”

“说说看。”我运用具体化技术鼓励她说得更具体些，这样才能更好地帮到她。

“我本来就打算好好养病、好好休息的，做一个很普通的存在，尽管我已经不是学习好的学生了，但是我喜欢上了一个人。”谢娜说。

① 满分为 300 分。

这可能对她来说是一线希望，我连忙回应道："你有喜欢的男生了？"

"对，我向他表白了，也和他说了我有这个疾病，然后他说，我们只能做朋友——并不是因为我得了什么病，而是他目前根本不想谈恋爱，他还说他从小到大都没喜欢过谁。"

显然，谢娜被拒绝了。我继续问道："嗯。你们现在还有联系吗？"

"有联系的，他是我的同班同学。我去年休学一个月，班里很多人我还不太认识。有一次，我忘了一件很重要的事，他提醒了我，我感到特别温暖。后来我还和他提起过这件事，但是我感觉他和别人沟通时总是冷冰冰的，可这不妨碍我觉得他是一个好人。"

虽然我觉得谢娜的语序听起来有些混乱，但我也能体会到她的内心还是很渴望良好、友善的关系的，一个善意的提醒就让她觉得很温暖。我安慰她道："嗯，虽然你们没能做成恋人，但还是朋友。"

"对，他和我说，他以后可以当我的树洞，他不会把我的心事告诉任何人。"

我回应道："听起来你有了一个可以倾诉的对象，这很好不是吗？"

"理论上是可以的，但是我的成长经历比较特殊。"谢娜好像不是很愿意和别人分享自己的心事。

我问道："有什么故事吗？"

"嗯，我有很多故事，总结起来就是我和父母的关系不太好，我和亲戚的关系也不太好。我很缺爱，所以我从上小学开始就很想谈恋爱。但是我这个人还挺奇怪的，虽然有人喜欢我、追求我，我也追过别人，但我又不喜欢他们只喜欢我这个人……其实，我被确诊为双相情感障碍的时候，是在前男友提出分手之后。"

我很疑惑："因为分手而生病？"

"嗯，在这之前，他们都说我只有抑郁症，没有什么躁狂的迹象。所以我觉得我得这个病，和感情有关系。"

由于谢娜自幼生活在一个缺爱的家庭环境中，因此她一直想通过谈恋爱来疗愈缺爱的童年。前男友和她分手，引发双相情感障碍。我试图确认她的情感纠结，问道：“你是因为缺爱，所以希望被别人爱，对吗？”

“对，我可能就是因为太缺爱了，所以特别想得到爱情。因为我之前受过很深的伤，所以我觉得我可能注定要孤独一生了。别人还跟我说，必须得爱自己、独立，可是我就是做不到才这样的，才这么崩溃的！我不接受这些事实，我接受不了啊！我只要一接近这些东西，就想跳楼啊！”

谢娜的话语越发混乱了，我从中挑选主要的字眼，担心地问道：“你说的‘这些东西’是什么？”

“就是一些我也说不好的东西……那种压制了我很久的东西，可以说是过去吧，一个是过去的经历，一个是别人的眼光……我不确定，反正我总是想自杀，而且我的双相情感障碍总是不稳定，这说明我的这个状况可能不是很好。”

我感觉谢娜的描述思维跳跃得很快，情绪也不稳定。我鼓励谢娜无须给自己贴标签，也无须太在意外界的看法：“疾病只是一个诊断，更重要的是你如何看待自己。”

“我也想不谈病！但是它对我的生活影响太大了！我甚至和别人说‘我怀疑除了这个双相以外，我还是我吗’。我迷失了自我，我觉得我的老师们也在劝服我、拯救我，但是他们只能眼睁睁地看着我一点一点地陷进去，帮不了我。”

我能感受到谢娜有着强烈的无助感。

她继续说道：“我的内心有 100 个问号……我觉得人与人之间真的很难相互理解……我所需要的那种精神支持，他们好像都给不了。就算我跟我喜欢的人、朋友说了，也没用。我不知道这到底是怎么一回事。我有时甚至很害怕去上自习、上课，也很害怕跟老师解释我为什么不去上课……没有为什么，我就是害怕，我感觉我的未来毫无希望！”

“谢娜，如果请你对未来的生活希望打个分，0 到 100 分，你想打多少分？”

“0 分，我对未来的生活没什么希望。”

我能感受到她的绝望，但还是希望她能看到积极的方面。我问道：“你现在在上大学，你的父母、同学、老师都很关心你，对吗？你这么想一想，还会继续打 0 分吗？”

“嗯……”谢娜思考片刻，说道，“那就打 40 分吧。”

“你给自己的分数一下子提高了 40 分，看来你还是有很多支持力量的。如果再提高 10~20 分，那会是一种什么状态？”我对她运用了刻度化技术进行认知引导。

“再提高分数……要是我有男朋友，就应该可以打到 60 分，可是我找不到呀……嗯，也不是找不到，我知道有人喜欢我，但是我根本不可能和他在一起的，我对他没感觉。”听起来，谢娜更看重亲密关系。

“这么说，找一个你喜欢的男朋友对你的情感支撑很重要，是这样吗？”我问道。

“是的，而且我也希望他可以把我当成正常人对待。”

听起来，谢娜对疾病有病耻感，也很敏感。不过，我也感受到了谢娜的努力，我及时肯定她：“生活往往就是这样的。你这么努力、对自己要求很高，很希望别人可以用一种正常的甚至是仰慕的目光看待你。”

“嗯，这只是生活的一部分。我觉得我现在的生活一片狼藉。我比之前胖了 30 斤，我难以接受自己现在的身材，很少照镜子。我体力也不是很好，经常手抖。从快高考的时候开始，我的记忆力就开始不太好了，以前学的很多知识都忘了，怎么复习都记不住，好像脑子里的某个部分被堵上了。我现在对学习、生活根本提不起兴趣，就像是为了生活而生活，为了活着而活着。我本以为我可以通过喜欢别人让自己重新有一个目标，但是我错了，我在逃避自己。归根结底，我还是得爱自己，这样才能愿意去生活。学校给了我论文延期的机会，但是我缺了很多内容，我现在课业繁重。上课时，我左耳朵进右耳朵出，但是我真的已经尽力了。我跟学校申请了单独考试。我觉得我写作还可以，但是我阅读真的太差了，我的阅读速度特别慢——我读完这句话，就忘了上一句。我现在过得很糟糕，我畏惧生活，我觉得自己现在做什么事效率都特别低。我主要是觉得我害怕人，但是我还得想方设法走出去。我希望我除了这个病以外，我还有我自己。在某种程度上，我恨我父母，我和朋友表面上很交心，但是内心很孤独，我觉得没有人能理解我。我也在做心理咨询，但是那儿离学校比较远，所以我有时不去。”

谢娜生病后，一切都失控了——记忆力、人际关系、适应能力都成了她的阻碍。我试图从空间维度让她意识到，一切都会变的：“20 年后，你觉得自己还会像现在这样吗？”

“18 岁的时候我都没有想过，在我 19 岁、20 岁的时候，竟然会这么过。”

看来，她从未料到自己的生活会变得如此糟糕。我继续鼓励她，说道：“外界因素在变化，你的心态也会发生变化。有些事情是你无法改变的，但是你可以做一些力所能及的事情，然后再慢慢适应变化，对吗？”

“对。可是，我真的觉得生活跟我开了一个很大的玩笑。”

“如果生活跟你开了一个很大的玩笑，让你有很大的困扰，你也是有办法面对的。你想想看，其实每个人在一生中都会遇到困扰的，但是大家都选择了逃避吗？如果大家都选择了逃避、都自杀，那么无论是他们个人还是这个世界都不存在什么美好未来了。”

“那我应该怎么做呢？”

“我有一些建议。第一，不要把自己当作病人，也不要把得病视为一个理由。第二，不要要求自己太完美，也不要对自己太苛刻，每个人都有缺点，有些人有身高困扰，有些人有容貌焦虑，还有人担心自己学习不好。第三，你要调整好你的心态，不要放弃，也不要轻言失败，更不要动不动就拿失败当作自己的挡箭牌。你只遇到一点不如意就想去自杀，你有多少条命啊？试 10 次有 1 次成功了，你就没命了。你觉得死后能解决什么问题呢？死是无法解决任何问题的，这只是一种最愚蠢的逃避方式罢了。所以，你要先接受自己，再去面对困难。你还这么年轻，才 20 岁，你未来的路还很长。”

谢娜若有所思，沉默片刻后，她又把话语转向对父母的怨恨：“我和我父母有很多矛盾，他们确实耽误了我。”

“你的父母现在有改变吗？”我继续询问。

“改变了一些。因为我现在都这样了，他们不改变也不行——当父母的，总不会希望把孩子逼上死路吧。去年 11 月，他们在刚知道我有点抑郁的时候就有点接受不了，后来我休学对他们来说更是晴天霹雳。现在父母比之前关心我了，我感觉他们改变了很多，我现在也在思考自己该如何改变，总不能每天想死吧。谢谢你，我感觉好多了。”谢娜的声音比较缓和，听起来也没那么烦了。

我鼓励她：“好，希望你好好想一想，试着慢慢走出来。”

“嗯，好。”谢娜回答。

“好，再见，希望能帮到你。”

“谢谢，再见。”谢娜挂断了电话。

接线员手记

挂断电话后，我有些感慨，这个女大学生在自我感觉缺爱的环境中成长，一直希望能建立一段亲密关系，并被诊断为双相情感障碍。双相情感障碍是一种重性精神疾病，我更建议去医院接受规范化治疗，仅仅通过心理咨询并不能解决与疾病相关的问题。在与她的交流中，我感觉到她一直活在自己的世界中，由于电话咨询和线下咨询有很大区别，因此无法更全面地评估她的情况。尽管我给她做了情绪的识别技术和疾病宣教，但感觉她更像是沉浸在自己的想法中，每次不是打断我就是转移话题，让我产生了一种无力感。我推测，她可能更需要一个树洞，听她倾吐自己的烦心事。从事心理援助热线工作，更重要的是陪伴和倾听来电者。想到这些，我感觉稍微轻松了一些，拉伸一下身体，准备接听下一个来电。

疾病开始侵蚀我的大脑……
1
为什么我家永远硝烟弥漫？
2
每次我试图通过爱情来弥补爱的缺失，但都失败了。
3
第一步
我真的需要一些药物帮助我改善情绪。
第二步
心理成长手册
我想让心理咨询师帮助我改善关系。
第三步
接纳过去和自己，积极面对人生。
4

第七部分
命悬一线

在享受生命的同时，也要认识到生命的局限性。生命是美好的，也是脆弱的。死亡也许是解决痛苦的终极方法，但死亡也会让一切美好的可能骤然消散。当我们面对处于生死边缘的来电者时，首先要做的是确保其安全。120急救是抢救生命，同样地，心理援助热线也是与死神拔河。

第 21 章

我身旁准备好了一把蝴蝶刀

有幸能在杭州市心理援助热线承担工作。我很喜欢这份工作，尽管刚开始也曾抱怨过夜间值班工作时间长、工作量大，但是在我见证了来电者的心理状态一步步变好之后，那种成就感是任何事情都无法比拟的。

今夜又是我值班。和往常一样，我准备好了诸如高蛋白食物、高维生素水果、松软的小毯子等各种物品，让自己在进行复杂的心理工作时能保持更好的精神状态。一如既往地繁忙如织。一个咨询电话结束，另一个电话就被接入。为了忙中不乱，我通常会让电话响三声后再接起，一方面是让来电者有一个具备良好舒适感的等待时间，另一方面则是让自己做好接听的准备工作。每一通电话对于我来说都像开盲盒，因为不知道什么时候就会出现高危电话。

电话铃声响起，按惯例响过三声之后，我接通了电话：“你好！这里是杭州市心理援助热线。”

“我……我想自杀。”对方的语气有些低落。

听到有人说想要自杀，想必大多数人都会肾上腺素飙升。好在我现在已经不是刚刚从事心理咨询工作的新人了。如今的我，已经可以非常有经验地通过各种心理咨询技术，熟练地稳定来电者的情绪，并为其提供各种支持。

我顺着他的话向下问道："听起来你很难受，最近发生什么事情了吗？"

"我不是杭州市的，我是从外地打电话过来的，因为我打了几个城市的热线，都打不通。"

很遗憾，他并没有透露出可以进行心理分析的线索，于是，我接着引导他："你是在家里打电话吗？还是在外面？"

"家。"

由于他有非常明确的自杀意念，因此我在此刻的首要任务就是对他进行自杀风险评估，明确了解其周边环境、自杀原因、自杀意念的强度、自杀准备情况，以及具体的实施方式等内容，这非常重要。现在我已经得知他所处的位置——家，这至少是一个相对安全的室内环境。

我接着问道："你现在是产生了自杀的念头，还是已经准备实施自杀了呢？"尽管面对的是一个严峻的问题，但我必须保持镇定。只有我保持镇定，才能抚平对方焦躁不安的心，因此我竭力保持声音的平稳。

"蝴蝶刀就在我旁边，屋里的窗户也开着。"来电者的声音不是很平静，略有些颤抖。

根据我长时间值班的经验来看，来电者一直沉浸在过往的痛苦中无法自拔。应对这种情况最简单的方法，就是通过语言引导，将来电者的注意力拉回到当下。我问道："我听你讲话，感觉你好像一直在发抖，是吗？"

"我妈刚骂完我。"说到这里，来电者明显愈发紧张了，说话声音也很轻。

"你很害怕，所以你全身就发抖了？"我和他确认道。我这么做是希望能让他感到自己被关注了，并有意将他的问题从情绪层面引导到可操作的层面，这可以帮助我进一步地了解和评估他的心理变化，以便更有针对性地做出干预。

"我很怕。虽然她从不打我，但只是听她骂我就很害怕了。我甚至都不敢大声和你说话，怕被她听到。"

从他的话语中，我可以感受到他的无力，我也发现了他无法自行修补心灵深处的诸多伤痕——没有能力，也不知道方法。我又开始了新一轮的引导：“你最近遇到什么事了吗？”

“我现在有点害怕。”说这句话的时候，来电者的语气出现了明显的颤抖。

“怕什么？”

“怕我妈发现我在和你聊天。”

来电者今天似乎仅凭本能就意识到自己需要接受心理辅导，但是妈妈的不理解和不重视让他一直深陷在自己的问题中。

“你今天是遇到什么困难了吗？”我再一次使用了开放式问题，希望确认他想要自杀的导火索，为我更好地和他探讨解决策略做好铺垫。

“也不是今天吧，我也想不出来……今天公布成绩了，我又被妈妈骂了。”

关于“成绩”这个话题，似乎总是会引发数不清的心理问题，我见过很多类似的情况。我顺着这个话题继续说下去，当务之急是确定来电者是否安全。我说道：“看来你的成绩不太理想，还受到了妈妈的批评，我能体会你的心情。现在我要向你确认，你是否安全？”

“暂时安全。”

这是一个好消息，来电者还没有开始实施自杀行为，我还想进一步确认来电者是否安全，问道：“那你现在在哪里？”

“外地。”

“我知道你在外地，我的意思是，你现在有没有远离窗户？”我心里的第一个反应就是如果他没有远离窗户，我就要让他先远离可能导致跳楼的窗户，这将决定我开展后续工作的思路。

“嗯，我现在在卧室里，在床上坐着。”

听到这样的回答，我的心稍稍落定。床上是一个相对安全的环境，而且柔软且熟悉的床也能给人带来充分的安全感。对于一个试图自杀的人来说，安全感很重要。

我在确认了来电者的人身安全之后，很希望他能将自己的情况和家里人说一说，得到家人的支持也能让他离危险更远。

“你父母都在家吗？”我推测，来电者产生这样的心理问题，在很大程度上是因为与父母缺少沟通，这也是现代家庭普遍存在的情况。我之所以这么问，一方面是为了确定来电者与其父母的关系是否正常，另一方面也是为了引导来电者试着与父母沟通。

“我妈在，她和我爸离婚了。我现在是在偷偷地给你打电话。之前我就觉得自己不对劲，问过我妈能不能带我去看心理医生。她说小孩子有什么心理问题，而且她很反感我提起心理医生。我怕她，我不知道怎么办……”

来电者的基本信息已明确，但他的回复是我意料之外的——他的家庭情况比我预想的复杂。来电者的社会支持较低，父母离异，妈妈又比较强势，这势必会大大提升孩子出现心理问题的概率。我接着了解来电者的基本信息：“你多大了？”

“15 岁。”

我勾勒出了来电者的基本画像：15 岁，男生，父母离异，成绩不理想，还在上学。针对他的情况，我考虑先运用心理学的方法给他一些精神上的支持和关注，因此，我第三次将问题聚焦到“困难的事情”上。我轻轻地问道：“你遇到什么困难的事情了吗？”

“这要从之前开始说起。自从我爸妈离婚后……我一直都不愿意回家。”

听起来，父母的离异是让他陷入痛苦的根源，但这也只是我的猜测，因为信息太少，还无法得出结论。我顺着他的话接着往下问道：“是什么原因让你不愿意回家？”

“我怕被骂，从前无论我考得好不好，我妈都从来没有认真地表扬过我，她倒是不打我，她只是骂我。有时候我真的希望她能真的打我，而不只是语言上的攻击。甚至她看电影都是一个人去看，她从来不和我一起做些什么事……”来电者委屈地诉说着自己的经历，就像好久没有和人说话了似的，此刻他一股脑地将自己的过往说了出来。

我一边倾听他的诉说，一边不断地梳理他的人生轨迹并做着各项心理评估。我说道："我知道，这些事情都让你很难受。你说你今天想自杀，那你能告诉我是什么原因让你产生了这个想法吗？"

通过我一步步的引导，他千疮百孔的过往渐渐浮出水面，丑陋的创口肆意地传播着痛苦。所以，我的工作还没结束。作为专业的心理工作者，我还需要帮助他处理伤口，或是给他支持，帮他疗愈，抑或是帮他提高心灵抵抗力，让他有自行恢复的能力。要想做到这些，找到原因并根据原因去寻找解决策略是非常好也是目前唯一的选择。

"我不喜欢这个人生。"

虽然他的回答让我有些意外，但似乎也在情理之中。意外的是，他并没有按照我所想的直接说出一个具体的理由；在情理之中的是，他的经历早已超出了一个孩子所能承受的范围。

通过后续的沟通，我了解到来电者本应该尽情享受生活的美好时光，却因为种种厄运而受尽折磨。天生双目外斜加侧斜的他，因为无法通过手术来纠正而放弃了成为一名赛车手的梦想。这让他感到无可奈何，也让他因缺少了追求的方向而迷茫。15 岁的他，不仅有视力问题，还因为癌症接受过四次手术治疗。虽然如今已痊愈，但这些经历让他身心俱疲，也让他害怕，甚至让他想放弃一切。身体的病痛已经让他难以承受，怎料命运弄人，父母离异再一次让他身不由己地陷入痛苦。失去父母支持的他身心俱疲，在害怕和无助中慢慢地麻木和绝望，最终产生了自杀的想法。

他告诉我："我七年级的时候试过一次自杀，没有成功，被我外婆抱下来了。不知道今天能不能成功。"虽然外婆对他百般疼惜，却无法体会他的失落。

也许他只是随口一说"不知道今天能不能成功"，但为了确认，我对他说道："我知道，你的生活并不如意，你产生自杀的念头是很正常的。不过，我听你说了这么久，你是不是也应该听我说几句话？"

来电者先是沉默了一会儿，然后才说道："好，我现在是不会自杀的，你先说吧。”

从他的语气中，我能感受到他的情绪趋向稳定，所以我相信他暂时不会实施自杀了。只有出现了这个前提条件，我才能进行接下来的引导：“你打电话来，就说明你愿意相信我们。你也意识到自己需要去看心理医生，虽然这无法得到妈妈的支持，但你要相信，你妈妈和外婆一定是爱你的。或许她们爱你的方式出现了问题，但这不会影响她们爱你的本质。相信我，你的生命是很宝贵的。”

又是一阵短暂的沉默，随后他说道：“好，我相信你。”

“好，听你的声音，我感觉到你的情绪慢慢平复下来了，我们一起做个深呼吸。”我的积极倾听和关注，让他的状态好转。我将自己观察到的他的情绪状态变化反馈给他，让他和我一起做深呼吸，从而更好地帮助他稳定情绪，也有助于提高干预效果。

接下来，我们继续聊了一会儿，弯弯绕绕又聊回了学习话题。随着年岁的增长，来电者的学业压力越来越大，妈妈对他的学习成绩也越来越不满，这让他感到既自责又担心。在妈妈的记忆中，他是一个学霸，学习优异、表现突出。但从来电者的角度来说，就算他之前学习成绩优异，他也始终得不到妈妈的肯定和赞赏。而且，要是成绩不理想，妈妈还会直言不讳地表达失望，这些言语会化成一把把锋利的刀插入他脆弱的心灵。

因为他提到了他有自杀史，且今天来电时自杀意念强烈并有实施自杀的准备，所以我按照高危来电的处理方案，尽可能地让他有充分的时间宣泄情绪，并帮助他逐步稳定情绪。沟通了这么久，我基本确定了他的情况，并明显感受到他获得心理支持后情绪稳定了很多，所以我再次和他确认了安全性问题：“你安全了吗？”

“我安全了。”他给出了肯定的回复。

我松了一口气。

紧接着，他问道：“我是不是打扰你了？”

这种是或否的询问往往是自卑且缺乏安全感的表现，于是我给出了明确的答复："你没有打扰到我，我很高兴你今天能打电话来寻求帮助，这条热线的意义就在于此。你把窗户关上吧，我希望你不要有过激的行为，也希望你是安全的。"

由于是通过电话方式进行的危机干预，很多具体情况我都是通过评估对方的表述来确定的，因此我会多次对有高危行为来电者的安全进行评估确认，这是非常有必要的。

随着时间的推移，来电者的情绪已经越来越稳定了。我认为此时很适合向他提出一个要求，我说道："我希望你答应我，至少最近你不要再做这样的事情了，也就是不伤害自己，更不要自杀，可以吗？"

"我尽量。"来电者的声音平稳，没有再出现明显的颤抖。

由于来电者很少得到妈妈的夸奖，因此给予必要的鼓励和赞美对于他更有用。我说道："好的，男子汉说一不二。虽然我不认识你，但听你的声音还有听你的表达，我感觉你是一个很优秀的孩子。我觉得你妈妈很强势，而你相对比较胆小，所以我猜你比较害怕妈妈。"

"对，我就是这样的，但我不想让别人知道我这样，所以我总是装，装得自己很开心，但他们不知道我每天晚上都会躲在被子里面哭。我妈也不知道，直到她有一天听到了，就骂我，然后我还是这样。我恨自己为什么这么懦弱、讨厌。"来电者似乎因为得到了认同或是因为回忆起了过去的事情，情绪出现了一些波动。

我和他分享我的感受："你不是懦弱，我觉得更主要的原因是，你比较尊重妈妈。"

似乎好久没有人能够体会他的想法了，听到我的反馈，他立刻回应道："对，我是很尊重她。就算我想自杀，我也爱她，或许我没太理解她对我的爱，但我永远爱她。"

"嗯，从你讲的这些我能感觉到你对妈妈的尊重和爱……通过梳理自己内心对妈妈的认识和理解，是否让你的心情平复了一些？"我不遗余力地帮助来电者去正确地认识和客观地评价发生在他身上的过往，但是因为他和妈妈长期处在不良的亲子关系中，害怕与妈妈沟通，还担心别人与妈妈沟通而产生对他“不好”的影响，所以在这个方面并不能找到特别好的突破口。

是啊，身患严重疾病很容易对一位少年的心理状态造成严重影响，尤其是在他这个年纪（情绪易波动的青春期）以及特殊的家庭环境（父母离异）下，更容易让他形成悲观的生活态度。我完全理解一个心智尚未完全成熟的孩子容易受到身边重要他人的影响，也容易放大自身的不足，从而感觉自己的未来一片黑暗。

他说道：“研究汽车是我这么多年来唯一一个不想放弃的兴趣爱好。我有一个赛车梦，我还很喜欢跑车，走在街上，我仅凭引擎声就能知道刚刚开过去的车是哪家公司的，但是这又如何呢？”

所幸，这些都可以作为他的一个有用资源，让他按照自己想要的生活去努力，从而获得自我效能感。我宽慰道：“嗯，听得出来你真的很喜欢汽车，尽管不能开车，但你还是可以在赛车以外的其他与汽车有关的领域有所作为。”虽然我不懂车，但是我们随后还是聊了很多——准确地说，是他又讲了很多，我仅仅在需要的关键节点给予正确的引导，让他了解到一些思路和一些可行的解决策略。

我知道今天的沟通并不能完全打消他的自杀意念，因为他的问题已经严重到需要医生介入的程度了，更需要家人的支持和关注。不过，经过两个多小时的沟通，他的情绪明显发生了变化，声音、语气也多了一些活力。

眼看危机状态解除，我又补充了一些心理健康的宣教，并再次向他提出了“不自伤、不自杀”的“要求”。在得到他肯定的回应后，这通电话也接近尾声。

他问道：“嗯，我能问问你姓什么吗？”

“我姓陈，以后有什么想不开的或者控制不住自己想要自杀的想法，随时可以拨打热线。”

他真诚地说道：“谢谢你！”

挂断电话，我在心里默默地祝福他，希望他能够更加勇敢地面对自己的未来并获得幸福。

刚松了口气，就又接到下一通电话：“你好！这里是杭州市心理援助热线。”

接线员手记

在本次咨询中，来电者有着强烈的自杀意念并准备好了自杀工具，属于典型的高危来电，因此需要按照准备实施自杀的处理方式进行心理危机干预：一方面，在通过沟通了解他的困扰的同时缓解他的情绪；另一方面，让来电者到达或者创设安全的环境。

对于有抑郁问题的来电者，我们除了需要鼓励他们及时就医并积极配合医生进行治疗外，还需要注意到造成其困扰的问题。通常情况下，我们将这位来电者的情况解释为个体遭遇重大生活事件后产生的心理危机。所谓“生活事件”，指的是人们在日常生活中遇到的各种各样的社会生活变动（比如，本案例中来电者遭遇的疾病、父母离婚、学习压力等）。每一个生活事件都需要个体付出精力去适应它所带来的生活变化，并会因为个体对生活事件不同的认知评价、应对方式、社会支持以及个性特征而产生不同的影响。如果在一段时间内发生过多的生活事件且无法及时解决，就会对个体的生理、心理健康造成消极影响，严重者会出现自伤、自杀的危险行为。当我们因为各类生活事件导致情绪、行为、心理和精神危机而无法自我控制和处理时，建议及时向专业的心理服务工作者寻求帮助。

我早就不对你抱有希望了！
你果然做不好！
1
2
报告单
知情告知书
入院告知书
手术通知单
手术风险告知
化疗
病情告知书
3
永远都没有机会了吧……
4
我有一个赛车梦。

第 22 章

我正站在楼顶

作为设置在精神科专科医院心理援助热线的咨询师，我们时常会接受医院提供的精神卫生及心理理论与临床培训。

在住院部，你会看到有的患者神情淡漠地坐在床头边；有的患者毫无征兆地突然发声；有的患者不停地重复同一个动作；有的患者煞有介事地专注于某一行为……他们千奇百怪的样子让人既好奇又不敢靠近。

不过，听带教医生介绍完各患者的病情、症状及治疗方案后，会让我想到列夫·托尔斯泰的那句话："幸福的人是相似的，不幸的人各有各的不幸。"

正当我回忆着、揣摩着时，午夜静谧的值班室中电话响了。

"你好，这里是杭州市心理援助热线。"

"你好，这里什么都可以说吗？"一个年轻女声传来，周围环境似乎空旷、遥远。

心理援助热线和心理咨询一样，都有保密设置，但自杀或他杀的情形除外。有时，有必要向来电者解释心理援助热线的功能。我说道："在这里什么都可以说的，请你放心。你打电话来是需要什么帮助吗？"

"我正在一座高楼的楼顶，准备跳下去。"她语气清冷。

听到后我心头一紧，然后马上调整自己的情绪，尽可能地以平静的语气问道：

“你现在是安全的吗？如果你愿意，我们可以谈谈吗？”

“我现在就坐在楼边……”

“你能确保自己是安全的吗？我想请你答应我，在我们通话过程中，不要跳下去，好吗？”

“好的。”她的语气依然有些空洞与清冷。

“我该怎么称呼你？请问发生了什么事，让你想用跳下去来解决？”我预感这将是一个典型的高危来电，我也打起精神来。

“你可以叫我孤岛，我现在上高二，高一时住过 X 院（某精神专科医院），当时被诊断为双相情感障碍。后来没治好，我强烈要求出院，住了不到一个月。”

双相情感障碍是一种抑郁症和躁狂症循环发作的精神疾病，从发生到确诊往往是漫长的时间，治疗也需要长期坚持。一旦确诊了，就需要及早接受正规治疗。我问道：“你为什么会在没治好的情况下强烈要求出院？你服的药物有效果吗？”

“有点效果，但我已经停药两个月了。我妈说长期吃那个药不利于生长发育，以后也不要去 X 院了，会留下档案的。我从高一下学期就休学了，一直在家待着，每天都会想很多东西，想着想着就想哭，这次好不容易从家里逃出来了。”她的语气中透着无奈。

这名女高中生因双相情感障碍影响正常生活学习，寻求过治疗但没有坚持，现在抑郁发作。我能理解她的困境，也深知她的痛苦。

她继续说道：“我总想到外面去，晚上不回家，动不动就想死，我觉得死是一件很美好的事情，这样我就不用想那么多了。我现在感到压力特别大，活得很辛苦。其实 X 院的医生跟我说过好多次让我住院，但是我妈不同意。”

双相情感障碍的抑郁发作是以显著而持久的心境低落为主要临床特征的一类心境障碍，伴有不同程度的认知和行为改变，可能导致患者出现自伤、自杀行为。显然，来电者的妈妈对疾病的认知、接纳、支持不够。我想通过提问澄清事情的轻重缓急，我问道：“你妈妈是担心留下档案或者药物有副作用，但要是你每天都这么痛苦、不想活，解决这个问题不是比档案更重要吗？”

她说道：“嗯，我已经洗胃五次了，不能再洗胃了，有一次还胃出血。我以前都是吞药自杀的，医院里已经有我的档案了。有一次我妈没让我去洗胃，让我自己在家生呕。”

我心里揪了一下，她有多次自杀未遂行为，说明她的自杀意愿比较强烈。此刻，我的脑海中浮现出这样的画面：一名女高中生迷失在一座孤岛上，孤立无援，内心充满了恐惧、绝望、痛苦；茫茫大海黑压压的，让她看不到希望，她想跳海，尝试了好几次，被呛、被淹、险些丧命；今晚，她想爬上高地再试一次。

我尽量让自己的语气温和地说道：“我听到了你的绝望，你也正是经历了这么多痛苦才会爬到楼顶。我想知道，你父母是否知道你的痛苦？”毕竟她还是个未成年人，所以作为监护人的父母起到了重要的作用。

她深吸了口气，说道：“我爸不肯陪我去医院。上次住院的时候，他也不肯去医院看我一眼。是我的班主任经常陪我，还特地去医院看我、陪我聊天。休学对我打击很大，因为这样我就看不到我的班主任了，我就不是他的学生了。我本来想拖着等给班主任过了生日再休学，想以他学生的身份最后陪他过一次生日，但还是没有拖到那个时候……然后我就跑到外面割腕了，还吞了很多药。”

我感到心疼，说道：“你很重情义，我想你的班主任一定能感受到你对他的爱和尊重，也会把你记在心里的。”

“休学的这两个月，我再也没有给他发过消息，因为我不想打扰他的生活。他教了我半年多，陪我经历了那么多事情，我能感受到他的失望，可是我就是控制不住自己，所以我对他心中有愧。”

不知道这份愧疚是否会加深了她的无能感。我安慰她道：“我也知道你不能控制自己，这不是你的问题，这是这种病的症状之一，所以你一定要找专业的医生来帮自己。现在关于双相情感障碍的治疗方法有很多，包括药物、物理、心理等疗法。我想你之所以会割腕、服药，也是因无法承受极端压力和痛苦才这么做的。”

“对啊，我真是不到万不得已也不会做这样的事情，因为我特别想好好地活下去，报答班主任对我的帮助。可有时候，我就是控制不住我自己，然后我就会去打扰他。”

可见，她有求生的意愿。

“我上初三的时候就生这个病了，因为有一件事情对我的伤害挺大的——我被三位老师欺负，他们总是骂我、打我。有一次，我跟一个同学发生了误会，那三位老师把我从五楼扔到了三楼，还把双方父母都叫到了学校。那个同学的父母和那三位老师一直在指责我，我的腿一直在抖。等他父母走了，我父母才来……”女孩哭了起来，“我以为我爸会帮我出头的，结果他什么都不问，也不管谁对谁错，当着所有老师和同学的面给了我一巴掌……呜呜……”

著名心理学家埃里克森提出人格发展八阶段理论，指的是如果个体在各个阶段都完成了本阶段应该有的心理发展任务，就能逐渐实现健全的人格，否则就会产生心理社会危机，出现情绪障碍。12~18 岁的个体的心理发展任务是，发展自我同一性、克服角色混乱。自我同一性是指个体处于青春期身心急速发展时期，会遇到很多需要思考的问题并寻求办法解决，在这个过程中将不断整合自我，最后达到同一性的确认。

来电者在初中经历过被老师扔下楼、被爸爸扇巴掌、和同学发生误会等一系列事情，遭受了心理和身体创伤，并没有得到很好的解决办法。这是不利于她整合自我、实现同一性确认的。

她继续说道：“这件事发生后不久我就多次自残，我妈带我去医院检查，被诊断为轻度抑郁症。我妈把这件事告诉了老师，希望老师多照顾我。结果，老师不仅没有帮助我，还跟全校其他各班的班主任说我脑子有病，让他们班的学生不要跟我接触。那时候，全校所有的学生都知道我有抑郁症了，他们都不愿意和我一起玩，无论我走到哪儿都会有人对我指指点点，这让我感觉很不舒服。中考的时候我没考好，因为我大部分时间都不想去学校，就在家里哭。”

“太痛苦了，我想要是换作我，也会觉得很受伤。不过，我很佩服你竟然挺过来了，至少你现在还活着，这一点很不容易，你面对了那么多的痛苦和压力。”我通过换位思考，让她知道如果其他人遇到这种事情会有什么感受。

她感受到我对她的理解，继续说道：“上了高中后，我以为初中的事情都过去了，可是有几个初中的同学和我升入了同一所高中，我对班里的同学还没认全呢，这几个初中同学就跟我班里的同学说我脑子有病，让他们别跟我一起玩。后来，好不容易有一个女生愿意和我一起玩，我就全心全意地对她好，她想要什么我都给她买。有一次下大雨，她说她想吃鸡公煲，我就打车走了 20 多分钟去给她买鸡公煲，然后又打车走了 20 多分钟送到她家。她摸了摸我的头，说了一句‘你很乖啊’，就让我回家了。我本以为，我就这么一个朋友，肯定要好好珍惜，就和她说了很多我的事。后来，我通过别人才知道她不仅把我和她说的这些事情都告诉了别人，还在背后说我坏话，她竟然背叛了我！我心里特别难受，就去问她为什么这么做。她指着我的鼻子说，‘我就是为了你的钱才跟你在一起的！’从那之后，我就再也没交过朋友了。我们班只有八个女生，她们七个女生的关系很好，我被孤立了。班主任对我特别好，在我刚上高一的时候他就经常陪我聊天。我觉得挺对不起他的，因为我没把自己变好。”

朋友的背叛让她对友情更加失望。庆幸的是，班主任帮她度过了一些危难时刻。要是她此时站在我面前，我真想抱抱她。我说道：“我觉得你很勇敢，疾病本身给你带来了很大的痛苦，你还受到了别人的歧视，这对于一个高中生来说真的非常不容易。”

女孩哭着说道：“我现在感觉自己已经坚持不下去了，我毫无坚持下去的动力！因为我已经休学了，班主任已经不是我的老师了，我把他所有的联系方式都删掉了，我不想再因为我的事情让他对我失望。有一次他跟我说，‘我们不能再管你了，我们管不住你了。’没过多久我就离开了学校，随后也没给他发任何消息，因为我觉得自己真正伤了他的心。”

她的哭声仿佛穿透了孤岛周围的静谧，又仿佛在楼顶回荡。至此，女孩缺少父母的关爱、丧失了好朋友的友情、难以再得到班主任的理解……她似乎失去了所有重要关系的支持，让本来就患病的她走进了一个死胡同，在那里，她完全看不到希望。

在作为一个支持者倾听、抱持来电者的同时，我还需要警惕她是否安全，尤其是来电者在回溯性的讲述中可能会再次激活痛苦感。我说道："嗯，我知道你真的很不容易，独自面对巨大的痛苦。你现在还在楼顶上吗？能不能离开楼顶，回到正常的空间中去？否则我也会很担心你。"

女孩的哭声减弱，片刻后她说道："好。"

听到这个"好"，我很庆幸自己耐心倾听完她陈述现状、过去、心里的失落和求生的一点意愿，而不是一听到她想跳楼就强制干预，那样的话，来电者可能并不会执行。在高危来电中，什么时候切入引导对方回归安全区域需要经验拿捏。让准备自杀的人离开危险地是非常重要的，这不仅能保证来电者的人身安全，还能帮助来电者获得自我控制感。

我希望继续巩固她逐渐平和的心态，说道："你能从初三这么痛苦的经历中走到现在真了不起，要知道，不是每个有过这种经历的人都能走过来的，我从你身上看到了坚韧、努力、善良。"

"我交不到朋友，不知道如何跟别人相处，相处的时候我就会很害怕。我不想让别人看到我，我已经自卑到一看到别人、一去人多的地方就会产生自杀的想法的地步了。"

既往社交的失败经验让她自卑退缩，但她又渴望交流，正所谓"一朝被蛇咬，十年怕井绳"。心理咨询的最终目的是让来电者学会自助，我说道："没办法交到朋友并不是你一个人的问题，因为关系是双方的，有时你可能是受疾病困扰所致，而我看到了你很真诚、渴望情感联结，也懂得感恩。我们无法决定其他人怎么对待我们，因为他们有自己的认知且他们的认知有对有错，但我们可以保持自己的闪光点，充实、提高自己。你今天站在楼顶能想到打这个电话找别人聊聊就很棒，如果这个人是你的班主任或者像我这样能让你觉得安全的人，是不是就没那么害怕了？"我希望能让她从一个客观专业的热线里听到对她的认可，帮助她认识到自身积极的资源和能量，认识到她能掌控人生，通过赞扬她，帮助她进一步树立信心。

“对啊，其实我觉得我还是很厉害的。”她的语气变得轻快了一些。

“其实，双相情感障碍的患者中有不少人已经恢复了正常的工作和生活，你也可以帮助自己恢复到这种程度，而不是整天关在家里。”

“也许吧。那我现在应该怎么做？”

“跟你的父母商量一下，尽早带你去专科医院接受正规治疗。他们受过这方面的训练，知道如何处理。目前接受过正规治疗的双相情感障碍患者，疗效都不错；如果你不接受治疗，再加上你一直处于隔离环境中，你的状态就会更加糟糕。”

她说道：“其实我觉得我能活到现在，完全是因为班主任对我说的那些话。在我想自杀的时候，我就会回想他跟我说的那些话，我就会受鼓舞，我不能辜负他对我的希望。这种办法还挺管用的，有好几次都让我克制住了自杀的念头。有时候要是实在克制不住，我就割腕，割着割着就觉得舒服一些了。我不是为自己活着的，而是为了那些对我好的人而活着的。”

我温和且有力量地鼓励她：“嗯，你也可以为自己而活。不妨试想一下，你想成为什么样的人、过什么样的生活。生命只有一次，很宝贵。你也可以成为一个独立的、重要的人，你的生命很不容易，也很珍贵。我听了你的故事挺感动的。我相信，等你的状态好起来后，你的班主任会非常欢迎你重返校园的。”

“嗯……”她抽泣着说。

“想倾诉的时候，你可以随时拨打这个热线，我们是 24 小时在线的，此外，我还推荐你看一本书，名叫《穿越抑郁的正念之道》（*The Mindful Way Through Depression*），你在家可以按照书中的介绍做正念，这对心理疾病很有帮助。不过，你还是要到专科医院看看，配合药物治疗。因为药物能帮助你稳定情绪，你只有情绪稳定了，再去做正念，才能更有效果。”

此时，电话那头传来下楼梯的声音，女孩说道：“好的……我现在已经下楼了，这里很安全。”

“非常好，谢谢你的配合，我悬着的心也放下了。”

原本这次咨询到此也该结束了，没想到女孩仿佛被打开了话匣子，意犹未尽地说道：“除了班主任，我第一次和别人聊那么长时间，我觉得很有安全感，因为我父母都不愿意听我说话。我记得特别小的时候，可能我刚学会走路没多久，想要爸爸抱我，结果他踢了我一脚，还跟我说‘滚’。我很少见他笑，很少见到他，也很少跟他讲话。他不太愿意理我，我从小是由爷爷奶奶带大的。”

原生家庭会对孩子的成长产生很大的影响。她爸爸对她的冷漠态度，让她自幼不自信、恐惧社交。我回应道：“你那时还那么小，却被爸爸那样对待。然而，还是有人爱你的，比如，你的爷爷、奶奶，还有你的班主任。我也能感受到你生命的潜力，像从石缝中长出来的坚韧不拔的花，勇敢而努力。最后，我想总结一下我们今天的谈话。我建议你去看医生、按时吃药，在状态稳定的情况下看看正念的书，根据它的音频和指导语来坚持自我练习。如果心情实在糟糕，感觉自己控制不住了，就打这个热线电话，好不好？”

在心理援助热线工作中，接线员通常不会为来电者提供具体建议，而是引导其自己找到解决途径。但考虑到这位来电者还未成年，心理尚未成熟且处于迷茫困顿中，所以我通过具体建议的方式帮助她厘清思路和解决方式，并让她能够成为自己社会支持系统中最大的资源。接线员需要一直与来电者共情、积极鼓励来电者，这对于缺少支持和理解的来电者会有很大帮助。

“好，我现在就往家走了。谢谢你，再见！”

“不客气，再见。”

孤岛上今晚亮起了一盏灯，为这个名叫孤岛的女孩照亮前行的路。

接线员手记

双相情感障碍又被称为情感性精神障碍。所谓“双相”，顾名思义是既有躁狂症又有抑郁症，且循环反复发作。本案例中的来电者处于抑郁发作阶段，抑郁最危险的结果是自杀。接到自杀热线，最终的目的是确保对方安全并阻止自杀，有时还需要联系警察、医院、家属等协助。

这是一位有倾诉意愿和自知力的女高中生，我紧跟她的思绪情绪，在倾听、共情、鼓励、陪伴之下，慢慢地让她感受到了理解信任和支持，自主脱离了危险地带。我松了一口气，但不能确保没有下次。因此，我反复强调，建议她去医院接受治疗并在需要帮助的时候拨打热线电话，还引导她可以向父母或其他社会支持系统求助。社会支持系统指的是个体通过与环境中的人和物的互动，所建立起来的一种关系网络。这个关系网包括认识或者不认识的人、物、事，个体皆能从中获取情绪情感、心理的支持或者物质上的支持，从而缓解心理压力，提高自身对环境的适应能力和对变化的应对能力。家人、朋友等是个体的重要外在社会资源，个体自身则是系统中重要的内在资源。在本案例中，来电者因为社会支持系统不完善，无法得到有效的治疗和周围人的理解支持，从而使自己深陷情绪问题而无法自控。心理危机干预热线作为社会支持系统中一个重要的资源，帮助来电者缓解了情绪，解除了此次自杀计划。

我好害怕……
1
我本来就不是真的想和你做朋友！
便利店
你为什么不理我了？
2
勤奋 团结 诚实 友爱
谢谢老师。
要相信自己。
3
你只是生病了，老师、医生、爷爷奶奶都会帮助你的。
我知道了！
4

第 23 章

我已服药

据中国精神卫生调查显示，我国成年人抑郁障碍终身患病率为 6.8%，其中抑郁症为 3.4%。目前我国患抑郁症人数 9500 万，每年大约有 28 万人自杀，其中 40% 患有抑郁症。心理健康问题已成为一个不容忽视的社会问题。同时，我们还要加强对心理健康的宣传和教育，提高公众对心理健康问题的认识和重视程度，营造全社会共同关注心理健康的良好氛围。要让抑郁症和其他一切身体疾病一样，得到应有的医疗援助和社会保障。

正因为抑郁患者数量较多，所以在心理咨询热线的工作中，总是免不了经常接听到抑郁患者打来的求助电话，但他们的抑郁程度是有差别的。这类来电者在通话时的特征很明显：他们讲话时总是不可避免地语速缓慢，声音也因缺乏活力而显得飘忽，整体充满了无力感。抑郁症表现出来的典型特征就是情绪低落、精力匮乏、兴趣减退。当压力累加到一个临界点时，患者往往会走到最后一步——自杀。正是因为有这样的共性，所以他们在来电时常会表现出为自己的自杀想法担心的一面——他们因害怕自己失控而拨打热线，希望得到专业的帮助。他们的所求不过是借助热线的帮助，缓解自己的情绪，降低自杀风险。因此，热线电话成了他们最后的救命稻草。作为心理咨询师的我们，在接受了严格训练之后，能够很好地应对这个工作。不过，这并不意味着我们的内心坚不可摧。要是遇到正在或者已经实施自杀的高危来电，挂断电话后，通常也需要一定的时间平复。

我至今仍清楚地记得在我刚从事心理热线工作时接到的第一通高危来电。

那是一个安静的后半夜，值班室里响起的急促电话铃声让我打了个激灵。我快速坐好，戴好耳麦，调整好状态按下了接听键，温柔地说道：“你好，这里是杭州市心理援助热线，请问有什么可以帮助你的？”

对方用极其微弱的声音回复了一声，但在特别安静的值班室中竟然难以捕捉到她到底说了什么。

于是，我在等待了五秒钟后询问道：“你好，你能听到我说话吗？”

“能听到。”她稍稍用力回复。虽然我能听到她的声音，但还是很轻。

“那请讲。”我有些疑惑这个人的声音怎么这么轻？和前面接到的其他来电者的声音差异太大了。

“割腕……才能……血……”她的声音又轻下去了，我只能听到几个词。

“你好，你能大一点声吗？我听不太清。”

对方提高了声音，再次说道：“割腕要怎么割才能让血出得多一点？”

“这个我不太清楚。你这么问，是因为你有想死的念头吗？”我警惕地询问她是否有自杀意念，并且在脑海中开展了后续自杀评估的一些内容。

“我已经……”

她的声音还是很轻，我用力将耳麦按在耳朵上但还是听不清楚，耐心地问道：“已经什么？”

“已经行动了。”对方平淡地回答，声音很轻，却让我不由地紧张起来，一种不好的预感油然而生。

“已经行动了？你的意思是，你现在已经在割腕了？”我向她进行确认。

“嗯……”她继续用轻微的声音回复我。

“出血多吗？”我直接挑了关键的部分问，并跳过自杀评估，按照已经实施自杀的高危来电进行处理后续接听工作，先确认能够保证她的生命安全。

“没出太多，是不是哪里不对？”

听到对方的回复，我稍稍安心了一些，虽然她实施了自杀行为，但是暂时没有生命安全的问题，于是我详细询问了她实施自杀的时间，伤口的位置、大小、出血量，还有她的躯体安全状况。最终确认安全后，我开始试着了解她打这个电话的目的。我问道："你现在给我们打电话，希望我能帮到你什么？"

"怎么能割得深一点？"

听到她问出这样的问题，我一时语塞。这是我第一次接到高危来电，本身就已经很紧张了，再加上她声音很轻，需要我非常仔细地边听边分析，即便我的大脑飞速运转，最后也只憋出了一句："这个……我也不太清楚……"

双方都陷入了沉默，我可以明显感觉到自己体内肾上腺素飙升，呼吸加快，脸开始燥热起来，还出了不少汗。我觉察到自己的状态并时刻关注自己的这种状态，同时努力让自己快速冷静下来。

考虑到对方刚刚实施过自杀，不宜一直这样，于是我又向她反馈了我了解到的信息并关切地问道："你刚刚说你割了手腕，血流得不太多。虽然我不知道如何能让血流得更多，但是听到你这么说，我心里也挺难受的。你可以和我说说发生了什么事情吗？看看我能不能帮到你。"

对方脱口而出："抑郁症问题啊！"

我关心地询问道。"那你的家人知道你实施自杀的这个行为吗？"

她轻轻地回了一句："不知道！"

我转而开始了解她的基本情况：她叫李诗盈，17 岁，读高二，几个月前被诊断为抑郁症，目前休学在家。我一边梳理她的病史，一边注意着她说话声音、语调的变化，并适时地再次问道："现在伤口情况怎么样了？"

她淡淡地回答道："不流血了。"

我再次确认她是否安全："血止住了，对吧？"

她轻声回答："对。"

看她似乎很听劝，我试着让她把危险的物品处理掉，让她所处的环境更加安全。我说道："那你现在可以把刀扔掉吗？"

她思考了片刻后，轻轻地说道："可以。"

至此，我悬着的心稍稍放下了一些。同时我很好奇，虽然抑郁症患者精力不足，但也不至于像她这样一直有睡眠不足的感觉，说话懒洋洋的，因此我好奇地问道："听你的声音好像很困，现在是凌晨了，你是想睡觉了吗？"

不知道是我问错了问题，还是这个问题被她误解为我想尽快结束咨询的暗示，李诗盈再次沉默。过了好一会儿，她才吞吞吐吐地回答道："我还吃了……吃了……那个……那个劳拉西森……"

我有些惊讶，也有些担心，还很后怕。不过，我还是尽量控制着自己的情绪，和她确认道："你是说，你在割腕的同时还吃药了？"

"嗯。"

"你刚刚说的是劳拉什么？是劳拉西泮[①]吧！"因为没有听到过劳拉西森的名字，我便和她确认了一下药物名。

"嗯。"

"吃了多少？"我有些担心地问道，但仍然保持着镇定。我需要和她确认药物的名称，服用的剂量、时间，是否还有剩余药物，以及她现在的状态等情况，排除不安全因素。

"大概 10 片吧，本来也没有开太多。"

"你是什么时候吃的？"

"刚刚。"

"多久之前？"

"10 多分钟之前吧。"

"现在有什么感觉？"

"没什么感觉。"

"想睡吗？"

---

① 劳拉西泮的主要适应症为焦虑症、失眠症、由激动情绪引起的自主神经症状、手术前给药等。不良反应包括恶心、胃不适、头痛、头晕、乏力、身体摇晃感、定向力障碍、抑郁、食欲改变睡眠障碍、激动、皮肤症状、眼功能障碍、嗜睡、便秘等。需要遵医嘱服用。

“还可以吧，不太想。”

“现在除了你，还有谁在家？”

“就我一个人。”

“那你把你爸爸或妈妈的电话告诉我，我很担心你现在的情况。”

李诗盈不吭声，我知道她在拒绝我，但我仍然需要不断地试着去获取她家人的信息，以便更好地帮助她。

我想李诗盈应该是感到非常痛苦，才会把医院配给她的药全都吃了，还用刀割腕。我关心地问道：“是发生了什么事情吗？让你这么痛苦，还让自己陷入这样危险的情况中？”

“嗯，6月太糟了！”

我想着这里有她的心结，接着问她：“6月发生了什么事让你感到很糟糕？”

“会发生……嗯……我……我最重要的人的忌日……”尽管她的声音依然很轻，但我能明显感受到她的情绪出现了一些波动。

我有些好奇地问她：“你最重要的人的忌日……这个人是谁呢？”

“是谁不重要！”她声音不高，但语气中带有一些老气横秋的感觉。

“虽然我不清楚这个人是谁，但我能感觉到每到6月，你就会特别想念这个人。”我试着用“想念”来定义“糟糕”感觉背后的意义。

她回应道：“不仅是想念，还有痛苦……7年了，一想到他，我还是非常难过。”

她的回答超出我的意料，7年过去了，想到一个人还是这么痛苦，当时究竟发生了什么事？

我问道：“这7年里，每年的6月你都是怎么过的呢？”

“趴在床上痛哭。”李诗盈简单地回答了我的问题。

“嗯，每年6月你都很伤心，痛哭。你还做过些什么来帮助自己呢？”我试着挖掘一下她之前的应对策略。

“哭得一点力气都没有，就晕过去了。”

很遗憾，经过一番讨论，我在这方面并没有找到什么突破口，她似乎一直沉浸在自己的悲伤中，还没有做好面对这个困难的准备，于是，我转换了沟通方向，开始了解她的自杀既往史。我问道：“你以前有没有试过自杀？”

“没有，之前没有，最多就是想跳楼，然后……完全不受控制！”

听她回答得不是特别明确，我补充问道：“那你有没有跳过呢？”

“没有，就是在窗边站着，站了很久。后来，我看到楼下有两个老奶奶路过，我不好意思跳了，怕她们……”李诗盈欲言又止。

我觉得这里可能有突破口，继续询问道：“是什么原因让你放弃了这种想法？”

“因为我担心我跳下去后，怕她们被吓到。”

听了李诗盈的话，我将我的内心感受告诉她：“都到那个时候了，你还能想到怕那两个老奶奶被吓到，你非常善良！”

“对啊，我可善良了。”她立刻给了我一个正向反馈。

“那你这么善良的人，要是就这样离开这个世界了，岂不是很可惜？”我选择了给予李诗盈积极关注，发现她的优势，并让她能感觉到有人关心她。

李诗盈意味深长地说道：“这个世界容不下善良的人。”

这句话又是一个突破口，我立刻追问道：“是不是发生了什么事，才让你有这种绝望的念头呢？”

“比如……那我说说那个对我很重要的人吧。”她开始了回忆，并且开始面对自己内心的伤痛。

根据李诗盈的描述，对她非常重要的这个人是一个非常善良的人，因为做好事后被人陷害，影响了他的声誉。尽管最后还他公道了，但他的名声、事业全垮了，最终因无法承受而选择了自杀，将自己的生命结束在初夏的 6 月。

在听李诗盈描述的过程中，我感觉到她的思维有些混乱，于是我关切地问道：“听你的声音好像有点不一样了，现在你感觉怎么样？有没有昏昏沉沉、很想睡觉的感觉？”

她有气无力地回复我：“对，很想睡。”

我接着问道：“那你现在是躺在床上吗？”

她轻哼了一声：“嗯。”

“那你愿不愿意放下电话，先去喝点水呢？”我想引导她通过大量喝水来催吐，所以我先试着问问她的意愿。

“懒。”

对于抑郁患者来说，他们什么都不想做并不是真的懒，而是抑郁症的一种症状。不过，我并没有放弃，鼓励她道：“去喝点水，这样你会舒服一些！”

“嗯，那我去喝点水。”她懒洋洋地说道。听得出来，她也不想让我担心。

“好，你尽量多喝水，争取把这个药吐出来，否则过一会儿你很可能会更难受。”看她配合度很好，我大胆地引导她多喝水进行催吐。

“我吃的药不算太多。”

李诗盈随口说了一句，似乎她过量服药是常有的事情。不过，这并不是我现在要关注的重点，我现在需要尽量让她多喝水，于是我再一次提醒她道：“多喝一点啊！”

过了几分钟，电话那边再次传来李诗盈的声音：“喝完水了。”

“喝了多少？”

“一杯。”她的声音还是很轻，不过还好，喝了水后，听她说话的状态，人似乎清醒一些了。

“那你再倒一杯水晾着，过一会儿喝。家里有矿泉水吗？”我继续尝试着劝她做好多喝水的准备。

“有。”

“那就多喝一点！”

“要喝多少？”

“喝到想吐的感觉，可以吗？”

“没有必要啊，这个药其实……”

“但是我真的很担心你啊！”

电话那头突然没了声音，我试着又问道：“可以吗？”

“我在喝水。”

听到她继续在喝水，我心里安心多了。在和她通话的同时，我也一直在评估她是否需要接受医疗机构的救治。在她不愿意透露家里人信息的情况下，先指导她催吐自救是我觉得当下比较合适的处理方式。

“我喝好水了……”过了一会儿，李诗盈拿起电话回复我，但她说话的后半部分又变得很模糊。

“诗盈，你说话很含糊，我听不清楚你在说什么。”

“还好，其实 8 毫克药也没有什么吧，我觉得不会致死！”

我们又聊了几句，然后她说道：“我现在有点神志不清了……”

李诗盈也意识到自己的状态发生了变化，于是我又顺着话题聊到她家人。她说，她爸爸有双相情感障碍，妈妈担心这会对李诗盈有影响便在最近提出离婚，现在她和妈妈一起生活。对于父母离婚，李诗盈持赞同态度，她和妈妈的感情很好，于是我抓住这一点，希望借此获得更多关于她家人的信息。

“如果你就这样放弃自己的生命了，你觉得这件事情会对妈妈的打击有多大？”

“她曾跟我说过，她把我带到这个世界上，就是想让我来享乐的，但是……”

我轻声应道：“嗯。”

“然后，结果，慢慢地……就……她的初心是好的，但是我现在反而觉得很痛苦！”李诗盈说话时语气很平淡，但我能感受到她百感交集。

“你之所以这么痛苦，是因为你得了抑郁症啊，这只是抑郁症的症状表现之一，是可以通过治疗好起来的！”很多抑郁症患者并不是很了解抑郁症，于是我在宽慰她的同时也为她科普了一些相关的知识。

“可是我真的太痛苦了，我现在躺在床上……我现在躺在床上动也动不了，这样……这样跟植物人有什么区别！”李诗盈有些撒娇地说着，似乎在发泄着许久以来的坏情绪。

“你现在正处在抑郁状态中，我非常理解你的难受和无力，如果是别人处在抑郁状态中也会这样的！另外，你现在所吃的药也可能不是很适合你。抗抑郁的药有很多种，只要遵医嘱、正确服用药物，就能很好地帮助你。如果药物治疗效果不理想，你还可以接受其他治疗，比如经颅磁、无抽搐电休克治疗等。只要你积极配合，就可以帮助你治疗抑郁症的！”

李诗盈简单地回答道：“我知道。”

“既然你知道这些，那是什么原因让你不愿意去尝试一下呢？”

“我也不知道。”

“嗯，那你愿不愿意把妈妈的电话号码告诉我？我真的很担心你！”我感觉氛围到了，就试着再问一次她家人的信息。

“等等吧，等咱们快说完了就告诉你。”

见李诗盈这次没有拒绝我，我立刻追问道：“你现在就告诉我好吗？”

“好。”

在获得李诗盈妈妈的电话号码后，我又和她进行了一些心理健康知识的宣教，包括关于抑郁症的知识和应对措施。我还告诉她，我会在和她结束通话后给她妈妈打电话，告诉她妈妈今天的情况，并让她尽快回家带着李诗盈去医院做进一步的检查和催吐。最后，我鼓励她，通过和大家的共同努力，是可以治愈抑郁症的。

因为这是我第一次接听高危来电，还是已经实施自杀行为后的高危来电，所以在挂断电话后，我因紧张而出现了身体上的不适——头晕、肠胃不适。于是，我将心理热线设置为暂停服务状态，然后静坐了约五分钟，调整好状态后，继续今天的工作。

接线员手记

心理咨询是在用生命影响生命，来访者能走多远取决于咨询师能走多远。在多年后的今天，我已经接到过数不清的高危来电，我都能更加轻松和有效地处理，并多次成功帮助来电者解除心理危机。

回忆起这次值班经历，我不仅庆幸自己遇到的第一个高危来电是这样一位配合度很高的来电者，还为自己当时的表现点赞（我想，当时的肾上腺素给我提供了很大的助力）。在这次通话中，我反复向李诗盈传递出我们愿意帮助她的意愿，愿意和她一起度过危机，寻求解决问题的方法。同时，由于李诗盈的自我控制能力下降，我试着对她进行直接指导，在取得了不错的效果后又对她进行了更多的直接指导，以鼓励和激发她的自我控制感，这一点非常重要。

这一次的危机干预也让我在接听技巧和应对能力上有了很大提升，也对危机干预的重点和目标有了更深刻的理解。比如，安全评估的技巧，鼓励和指导来电者进行自救，积极关注来电者因近期发生的事情所引起的情绪反应、对事件的看法、自杀危险程度，以及对其生活产生的影响，等等。通过运用心理咨询技巧和方法减轻来电者的焦虑，使来电者释放内心的负面情绪，利用来电者的内、外部资源帮助他重新获得控制感，并鼓励来电者采取行动解决问题。

医生，我……
其实已经吃了……
一些药……
1
2
6 日是我最
重要的人的忌日。
抑郁让我非
常痛苦……
3
4
处方笺
诊断：抑郁症
医学手段干
预，服用适量的
药物。
接受心理咨
询和治疗。
物理治疗
经颅磁刺
激、光照
治疗。
拨打心理援
助热线，进行危
机干预。

后记

“还好有你们在，否则我都不知道该和谁去说这些事！”

“真的太感谢你们了，要不是有你们的帮助，我可能再也看不到我儿子了！”

“陈医生，我听了你的建议，已经去医院就诊了，现在开始接受规范治疗了。特地打电话告诉你一声，放心吧。”

“啊，医生，真是吓死我了，我以为我得精神病了。听了你的解释后，我就放心了。”

…………

正是因为这些来电者的反馈，我们的工作才有了价值，才会让我们有动力去编写这本书，让更多人了解心理健康常识，让更多人知道无论何时何地，都有人愿意倾听他们的心声，帮他们走出困境。所以，我们衷心地希望，能有越来越多的人知道心理援助热线，并用好它。

回顾本书的编写历程，可谓一波三折。从 2019 年启动，中间因各种原因耽搁，经历了五年之久。借此机会，我（骆名进）想特别感谢陈汉俊、胡爱英、李玲丽、李志坚、骆东辉、吴蕾、俞霄霞、余春梅、赵亚娜、郑琼麟等接线员们利用业余时间整理热线录音，也要感谢医院领导对心理热线工作的支持。还要特别感谢中国人民大学出版社的郑悠然编辑，正是因为她的支持，本书才得以面世。在我们编写本书的过程中，郑编辑为我们提供了很多宝贵的建议，让本书更加完善。最后，再次感谢几位编者，当我提出要重新启动编写计划时，大家都积极响应。当我得知医院的尹肖雯医生擅长绘画并邀请她为本书插图时，她也果断答应了。正是因为有这些伙伴的支持，本书才能与大家见面，再次一并致谢。以下是参编本书的几位作者的一些感想，分享给大家。

得知有机会参编关于心理援助热线内容的书籍时，我内心激动且深感荣耀。这不仅是对我专业知识的认可，更是将所学用于社会服务、传递希望的宝贵机会。不过，这份责任感也带来了不小的压力。我深知此书不仅要辅助心理咨询师，更要成为读者心灵的灯塔。因此，如何平衡专业性与通俗性、让所有人受益，成为我写作时的准则。

在骆医生及几位老师的共同努力下，我们反复探讨，力求语言既专业又不失生活气息。我深入挖掘心理学理论，确保信息准确，并用通俗易懂的语言表达出来，为专业知识与大众理解搭建桥梁。通过各类不同背景、年龄段的心理困扰典型案例，分析需求，力求建议贴近实际，覆盖广泛受众。同时，我注重引导读者建立正确心理健康观念，鼓励大家正视问题、勇于求助，学会自我关怀。

编写此书让我深刻地体会到心理健康对每个人的重要性。每次翻阅，都仿佛与经历心灵风暴的灵魂对话，希望为他们带去光亮与温暖，让他们知道在这条路上并不孤单，有人愿意倾听、理解与支持他们。对我来说，参编本书的这段经历不仅是对专业知识的挑战，更是心灵的洗礼，坚定了我运用专业知识服务社会的决心，有幸能为帮助更多人贡献一份力量。

陈汉俊

参与这本书的编写，对我来说既是一次心理学专业知识的梳理与总结，也是一次心灵的梳理与成长。作为心理援助热线的实践者与记录者，我们深知，每一个案例背后都是一个鲜活的生命、一段独特的人生故事。而心理热线工作者温暖的倾听、专业的分析和有效的干预，甚至每一句倾听和回应都有可能成为他人生命中的一盏明灯。在与这些故事相遇的过程中，我深刻地感受到了心理援助热线工作者的责任与担当，也更加理解了心理健康对每个人的重要意义。

编写本书的过程并非一帆风顺。如何将复杂的心理学理论与实际案例相结合，如何用通俗易懂的语言传递专业知识，都是我们面临的挑战。我们通过典型案例的录音筛选，整理成逐字稿，再进行保密处理，在保证关键信息的基础上稍作文学性修饰。另外，编辑组成员也会定期在线上就各案例展开讨论、推敲，互相提出修改意见和建议。也正是有了这些挑战，让我们更加明确了编写本书的意义。

我们生活在一个快速变化的时代，压力和挑战无处不在，心理问题也日益普遍。希望本书能帮助更多人正视心理问题，消除对心理疾病的偏见，勇敢地寻求专业帮助。

当然，本书的案例只是冰山一角，还有许多故事等待我们去倾听和记录。未来，我希望能够继续关注心理健康领域，为普及心理健康知识、促进社会和谐贡献一份力量。

最后，我要感谢编写这本书的发起者——杭州市第七人民医院的骆名进医生。我们曾因多种原因延误了一些时间，但我们最后还是克服困难、寻找机遇，让这本心血之作面世。感谢中国人民大学出版社及所有为本书编写提供帮助的人，尤其是杭州市第七人民医院的心理援助热线工作者和所有勇敢地与我们分享故事的求助者。正是你们的支持与信任，才让这本书得以诞生。希望这本书能为更多人带来帮助与启发，也希望心理援助的光芒能照亮更多人的前行之路。

在医院接听心理援助热线的这段经历，不仅是一份职责，更是一段充满挑战与收获的旅程。如今，我们将这段经历的感悟转化为文字，写进书籍的后记，我深感荣幸且充满感慨。在服务过程中，我接触到了形形色色的来电者，他们的心声、他们的故事，如同一面面镜子，映照出他们情感的波澜与人生的百态。每一次接听，都是一次心灵的对话，一次情感的共鸣。我学会了如何用心去倾听，用共情去感受他们的痛苦与挣扎，用专业知识去解答他们的困惑与迷茫。这份工作让我深刻体会到，心理援助热线不仅仅是传递信息的桥梁，更是传递温暖与希望的使者。

在编写本书的过程中，我尽力将这段经历转化为文字，希望能够让更多的人了解心理热线的重要性，以及它如何在来电者与医疗服务之间架起一座沟通的桥梁。我详细介绍了接听热线的工作流程，分享了与来电者沟通的技巧与心得，也反思了工作中遇到的挑战与不足。这些文字不仅是对过去经历的回顾与总结，更是对未来工作的期许与展望。我希望本书能成为一本具有实用价值的心理援助热线工作指南，为同行们提供有益的参考与借鉴；希望它能引起更多人对心理健康的关注与重视；还希望能让更多人意识到，哪怕是身处生活的困境与情感的低谷中，也会有一束光能照亮前行的路。

编写本书对我来说是一次自我成长与提升的机会。这能让我更加深刻地认识到，作为一名心理援助热线工作者，我们肩负着重要的责任与使命。我们需要不断提升自己的专业素养与沟通能力，以更加专业、更加贴心的服务，为来电者送去温暖与希望。在未来的工作中，我将继续秉持这份初心与使命，用心倾听每一个来电者的心声，用专业知识为他们解答困惑，用温暖与希望点燃生活的希望。我也期待能够有更多的同行加入这个行列中，共同为心理健康事业的发展贡献自己的力量。

这本书是我对过去经历的总结与回顾，也是对未来工作的期许与展望。我相信，只要我们用心去做，就一定能够让心理援助热线成为更多人心中的灯塔，驶离迷茫的海域。

李玲丽

参与本书编写小组，是一次有缘且神奇的体验。尽管编写过程中经历了暂停和重启，但那份源自内心的真切渴望——“希望更多有心理困扰的小伙伴可以知道热线的故事，知道每个人都具备自愈的能力”，仿佛具有让人无法拒绝的魔力，将一群同样充满爱的同伴凝聚在一起，最终促成了这本书的面世。

这是一本集合了大家智慧的书籍，我编写了其中的五个热线故事。之所以说“编写”，是因为故事虽源于现实，但需要保护来电者的隐私，于是我做了一些细节的处理，使得来电者的生命故事成为某一类人群的典型，更具借鉴意义。这些故事涉及青少年求学和成年人在职场及生活中的体悟，每个故事的主人公都是独一无二的，但也有一个共同点——都在积极自救。他们就像人本主义心理学家卡尔·罗杰斯（Carl Rogers）笔下的土豆芽，努力生发，自我实现。

在阅读的过程中，读者可能会发现，基于心理咨询师的流派特点，热线会呈现出不同的咨询理念和建构方式。在心理咨询发展这么多年的今天，流派依旧具有百家争鸣的特点，实属难得。流派之间没有好坏之分，唯一的判断标准只有一个——是否符合来访者的福祉和利益。

心理援助热线就像一门修心的学问，我们的目标是让心回到它该在的地方，从生根处汲取养分，允许慈悲，本自具足。

每个人都有脆弱的时候，每颗心也都有幽暗的角落。夜深了，我们都会卸下面具，真诚地面对自己，让心灵得以喘息，这或许并不轻松，甚至是充满痛苦的。在城市中，也有这样的一群人，在你需要帮助的时候可以给你一束光、为你搭把手，他们会听到、会看见你的痛苦，而“看见”是改变的第一步。这就是一本关于“看见”的书，翻开它，你能看见普通人的七情六欲、奔波挣扎，还有爱而不得，每个人也都能从中看见自己或者被自己忽略的一部分。

很高兴能为本书做一点贡献，在画插画的时候，我试着再一次去理解电话那头的来电者。那些泪水、割裂和撕扯，一下子就变得生动和鲜活起来。最终，跟随讲述者娓娓道来的故事，我也看到了接纳和改变的力量。这些感受，希望你也能体会得到。

北京阅想时代文化发展有限责任公司为中国人民大学出版社有限公司下属的商业新知事业部，致力于经管类优秀出版物（外版书为主）的策划及出版，主要涉及经济管理、金融、投资理财、心理学、成功励志、生活等出版领域，下设“阅想·商业”“阅想·财富”“阅想·新知”“阅想·心理”“阅想·生活”以及“阅想·人文”等多条产品线，致力于为国内商业人士提供涵盖先进、前沿的管理理念和思想的专业类图书和趋势类图书，同时也为满足商业人士的内心诉求，打造一系列提倡心理和生活健康的心理学图书和生活管理类图书。

《重新书写人生故事》

- 心理学应用专家李中莹，资深企业教练戴志强诚挚推荐。
- 本书是将萨提亚模式、九型人格引入中国内地第一人，萨提亚家庭疗愈大师蔡敏莉的第一套著作。
- 本书集合了作者 30 多年的家庭关系疗愈经验，从 100 000 多个疗愈个案中精选出 64 个最有特点的个案，根据原生家庭、个人成长、亲密关系的主题分为三个分册。
- 本书不仅呈现了背景介绍、个案全过程，还呈现了咨询师观摩笔记，为读者全方位、多维度地呈现了完整的个案过程。不仅能给普通读者以启发，还能作为咨询师的参考范本。
- 本书采用双色配色，提供了大量的插图，有助于读者更好地理解萨提亚的沟通姿态，也能让读者沉浸式体会个案疗愈过程中来访者的心路变化。
- 赠送蔡敏莉主讲的《婚姻围城》线上音频课程，颂钵疗愈音频。

《消失的父亲、焦虑的母亲和失控的孩子：家庭功能失调与家庭治疗（第 2 版）》

- 结构派家庭治疗开山鼻祖萨尔瓦多·米纽庆的真传弟子、家庭治疗领域权威专家的经典著作。
- 干预过多的母亲、置身事外的父亲、桀骜不驯的儿子、郁郁寡欢的女儿……如何能挖掘家庭矛盾的“深层动因”，打破家庭关系的死循环？不妨跟随作者加入萨拉萨尔一家的心理治疗之旅，领悟家庭亲密关系的真谛。

《我在美国当精神科医生》

- 走进 18 位精神疾病患者鲜活的世界，看见人世百态，体味人间悲喜。
- 在形形色色的人间悲欢和点点滴滴的人世温情中，照见并疗愈自己。

《爸爸向左，妈妈向右：离婚了，如何共同养育孩子》

- 美国 APA 第 29 分会主席（2017）、“APA 第 42 分会独立执业指导奖”获得者倾心之作。
- 实操性强。为离婚父母提供了 61 个练习和 48 条可活学活用的技巧，以帮助他们学会识别和处理离婚情绪，从而真正从“憎恨对方”的情绪中走出来，和共同养育者一起完成自孩子出生就布置给他们的这项艰巨任务。
- 钟思嘉、江光荣、孟馥、刘丹等 10 多位心理学专家联袂推荐。